6035 S

W0035700

VEB Fotokinoverlag  Leipzig

Hanns Rolf Monse

Platte, Tonband und Kassette

Ein Tonhobbybuch für jedermann
mit 120 Bildern

Bildquellenverzeichnis

(Die Ziffern bedeuten Seitenzahlen; o = oben, u = unten,
r = rechts, l = links.)
Roland Brinsch 51
Klaus Fischer 18, 20 o, 21, 22, 23, 25, 27, 28, 29 l, 35, 36, 86, 90,
92, 96, 100, 102, 106, 107
Günter Gueffroy 87, 95, 98, 99, 103
Sigurd Rosenhain 93, 101, 108
Herbert Schulze 88/89 104/105 (Einbandfoto)
Peter Straube 34 u
Klaus Winkler 91, 94, 97
Akademische Verlagsgesellschaft Geest und Portig, aus:
Reichardt, Grundlagen der Elektroakustik 136
VEB F. A. Brockhaus Verlag, aus:
ABC der Optik 118 l
Eulenspiegel-Verlag, aus:
Kitschpostille 17
Verlag Neues Leben, aus:
Junge Welt 24
Werkfotos 30, 31, 32, 33 l, 82
alle anderen Bilder und Zeichnungen vom Autor.
Die auf den Seiten 20 u und 26 gezeigten Geräte befin-
den sich im Besitz des Postmuseums Berlin.

Wir danken dem Technischen Museum Dresden, das
uns zahlreiche Exponate zum Fotografieren zur Verfügung stellte.

ISBN 3-7311-0067-3

© VEB Fotokinoverlag Leipzig 1988
1. Auflage · 1.–20. Tausend
Lizenz-Nr. 110-210/304/88
LSV 9169
Lektor: Ursula Petsch
Gestaltung: Matthias Hunger, Leipzig
Printed in GDR
Lichtsatz und buchbinderische Weiterverarbeitung:
INTERDRUCK Graphischer Großbetrieb Leipzig – III/18/97
Druck: Druckerei Volksstimme Magdeburg
Bestellnummer: 547 415 4
01950

Inhalt

6

Ein langer Weg

*Aus der Geschichte
der Schallverstärkung,
Schallübertragung,
Schallkonservierung
und ein ganz
klein wenig Physik*

Schon in eisgrauer Vorzeit haben die Menschen versucht, ihre Stimme zu verstärken. Das war einfach eine Notwendigkeit, um sich auf größere Entfernung verständigen zu können, vielleicht im Falle der Gefahr, vielleicht auch nur, um das Da-Sein zu beweisen, oder auch, um einen Gegner zu schrecken. Irgendwie ist der natürlichen Lautstärke ja eine Grenze gesetzt, mag man noch so brüllen. Da hat der Urmensch sicher seine Hände trichterartig an den Mund gelegt: Eine Verstärkung des Schalls seiner Stimme erzielte er damit zwar nicht, jedoch wurde so die Schallenergie, die sich sonst in allen Richtungen des Raumes ausbreitet, in eine bevorzugte Richtung gelenkt. Und – wir tun heute Gleiches, wenn wir beispielsweise unseren etwas weiter entfernten Wandergesellen über einen geeigneten Rastplatz informieren wollen. Jahrtausende mag das genügt haben, bis man schließlich darauf kam, Baumrinde oder dickes Leder tütenförmig zusammenzurollen und damit den Händetrichter zu ersetzen. Der Wirkungsgrad eines solchen Sprachrohrs erweist sich wesentlich größer als der Händetrichter. Auch dieses *Megaphon*, nunmehr aus Blech, sehen wir manchmal heute noch, wenn der Kapitän des Vierers mit Steuermann seinen Leuten den Schlagtakt angibt; und vor zwei oder drei Generationen fehlte es als Kommandogerät auf keinem Sportplatz.

Die Architekten hatten schon frühzeitig erkannt, daß große elliptische Gewölbe hohe Festigkeit besitzen. Für sie war es wohl meist unwichtig, daß solche Gebäude eine seltsame Eigenschaft zeigen: Flüstert man an einer bestimmten Stelle, so ist das an einer anderen Stelle deutlich hörbar, obwohl man dazwischen nichts vernimmt. Noch heute verblüffen derartige »Flüstergalerien«, die mancher Diktator sicherlich ausnutzte, um geheime Gespräche abhören zu lassen. Die Gesprächspartner brauchten nur an eine bestimmte Stelle des Gewölbes gebracht zu werden – von dessen Eigenschaften sie natürlich nichts wußten, dem einen *Brennpunkt* des elliptischen Raumes –, dann konnte der Lauscher – am anderen Brennpunkt – jedes noch so leise Gespräch deutlich vernehmen. Zwar meldet die Chronik nichts darüber, ob mancher Aufstand so verhindert werden konnte, doch kam man auf diese Art und Weise zu neuen Formen der Schalleitung. Das war nämlich auch ein Problem: Wie

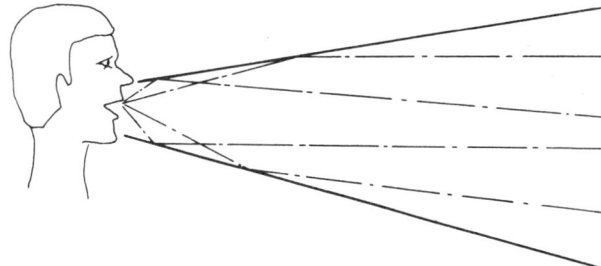

Beim Megaphon werden die Schallwellen bevorzugt nach vorn gelenkt.

kann man Schall von einer zur anderen Stelle so übertragen, daß dazwischen möglichst nichts zu hören ist? Sicher war es schon lange bekannt, daß röhrenförmige Höhlen den Schall gut weiterleiten; von da dürfte es nur ein kleiner Gedankenschritt gewesen sein, Röhren zur Schalleitung zu nutzen.

Für uns ist es recht bemerkenswert, daß ohne jegliche physikalische Kenntnisse vor Tausenden von Jahren bereits Götzenbilder gebaut wurden, bei denen in geschickter Kombination von Röhren und Trichtern die Stimme eines Priesters dröhnende Gewalt annahm und aus dem Mund der Götterstatue kam.

Sprachröhren blieben lange Zeit als Schalleiter im Gebrauch; auch heute noch kennen wir sie z. B. bei kleineren Motorschiffen als Sprechverbindung zwischen Kommandobrücke und Maschinenraum. Drei Umstände hindern aber an einer längeren Verbindung dieser Art. Einmal ist das die Abnahme der Schallenergie auf größere Entfernung selbst bei Bündelung durch die Röhre, zum zweiten wird die Verständlichkeit (durch unterschiedliche Schallreflexionen an den Röhrenwänden, die ungleiche Schall-Laufzeiten verursachen) erheblich vermindert, und drittens setzt die Schallgeschwindigkeit selbst Grenzen. Wer möchte schon bei einer Entfernung von 30 km, das entspricht etwa der Entfernung Leipzig – Halle, rund 3 min auf die Antwort seines Partners warten, da der Schall in *einer* Richtung bereits etwa 90 s braucht? Bis in die 6oer Jahre des 19. Jahrhunderts dauerte es dann, ehe Johann Philipp Reis die Möglichkeit entdeckte, mit Hilfe des elektrischen Stroms Schallvorgänge praktisch verzögerungslos auf beliebige Entfernungen zu übertragen: Telefon. Mit der Schallverstärkung haperte es aber immer noch, und rund ein weiteres halbes Jahrhundert mußte vergehen, bis die Verstärkerröhre dafür eingesetzt werden konnte.

Wie bereits gesagt, versuchte man, Götzenbilder »sprechen« zu lassen. Das war schon der Grundstein zum Gedanken einer sprechenden Maschine, aber einer Maschine, die *selbst* die Laute formulieren konnte. Sicherlich wurde dabei manch Humbug und Hokuspokus betrieben. Alle möglichen Scharlatane versuchten ihr Glück auf verschiedensten Wegen, und Überlieferungen besagen, daß selbst der Papst Sylvester um das Jahr 1000

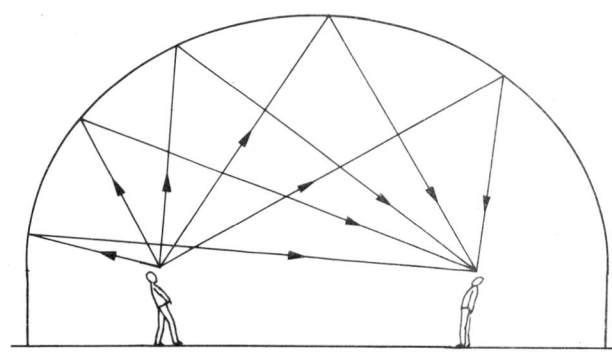

Ein Flüstergewölbe (oder Flüstergalerie) ist elliptisch gebaut. Dadurch entsteht die eigenartige Schallreflexion: Selbst leisestes Sprechen in einem Brennpunkt kann man im anderen ganz genau verstehen.

eine sprechende Figur gebaut haben soll. Angeblich wurde um die Mitte des 13. Jahrhunderts in Köln von einem Dominikanermönch eine sprechende Plastik gezeigt.

Doch wie es so ist bei Überlieferungen, Genaues weiß man nicht, und besonders das *Wie* bleibt im Dunkel. Spätere Versuche schlugen fehl, als man probierte, Töne in Kisten oder Röhren aufzufangen und zu konservieren. In der Blütezeit der Alchimie im 17. Jahrhundert entstanden die abenteuerlichsten Rezepte, doch gelungene Ergebnisse blieben aus. Wer erinnert sich nicht des Lügenbarons Münchhausen, dessen Kutscher in grimmiger Kälte angeblich die Töne in seinem Signalhorn einfroren, um dann beim Auftauen erst zu erklingen? Töne konnte man erzeugen, es waren aber immer wieder Musikinstrumente, die sie hervorbrachten. Sogar eine Art Tonkonserve gab es schon, mechanische Apparate, Spieldosen und Glockenspiele, mit denen man bestimmte Melodien zu jeder Zeit wiedergeben konnte. Ohne Zweifel waren das Meisterwerke handwerklicher Präzision, über die wir heute noch staunen können, liebevoll gebaut in zum Teil jahrelanger Arbeit. Und doch – Melodien waren es und keine Stimmen, die aus den Apparaten klangen. Um 1700 war die Physik dann so weit, daß man das Wesen des Schalls als Schwingungsvorgänge erkannte, und Sauveur begründete die moderne Akustik. Mit dem Erkennen dieser Naturerscheinung war man aber nun auf dem Wege zu einem Schallaufnahmegerät kaum weitergekommen. Wie sollte man eine Schwingung, also eine Bewegung, festhalten und reproduzierbar machen, wenn jedes *Festhalten* doch gerade Aufhalten der Bewegung bedeutet? Hier stand man vor einer verschlossenen Tür, zu der es noch keinen Schlüssel gab. Das Erzeugen von Schwingungen ist leicht, schließlich sind Instrumente dazu schon vor Tausenden von Jahren gebaut worden. Nun konnte man die Vorgänge in diesen Instrumenten auch wissenschaftlich erklären, aber war diese Erklärung nicht zugleich der Beweis für die Unmöglichkeit der Schallkonservierung? Doch halt! Wir wollen nicht dem gleichen Trugschluß zum Opfer fallen wie viele Menschen jener Zeit. Bewiesen war nur die Unmöglichkeit der Aufbewahrung von Schallereignissen nach der alten Methode in Kisten, Röhren oder gar im Münchhausenschen Feinfrostverfahren. Es mußten auf Grund der wissenschaftlichen Erkenntnisse gänzlich neue Wege eingeschlagen werden, und *dazu* war die Tür eben noch verschlossen.

Jedes Schulkind kennt heute den Vorgang, unter einer Stimmgabel mit Stahlstift eine berußte Glasplatte vorbeizuziehen, auf die von der Stiftspitze die Schwingungen

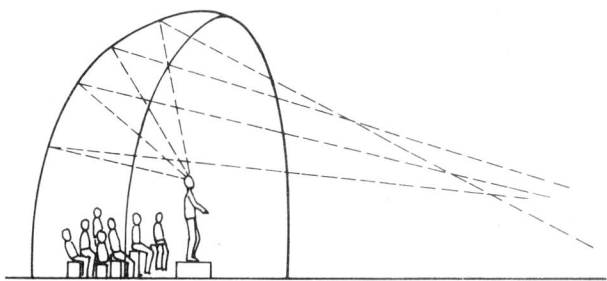

Die Orchestermuschel verhindert nicht nur das unnütze Abstrahlen von Schall nach hinten. Zugleich ermöglicht sie dem Solisten, seinen Platz so zu wählen, daß der Klang seiner Interpretation direkt auf die Zuhörer gelenkt wird.

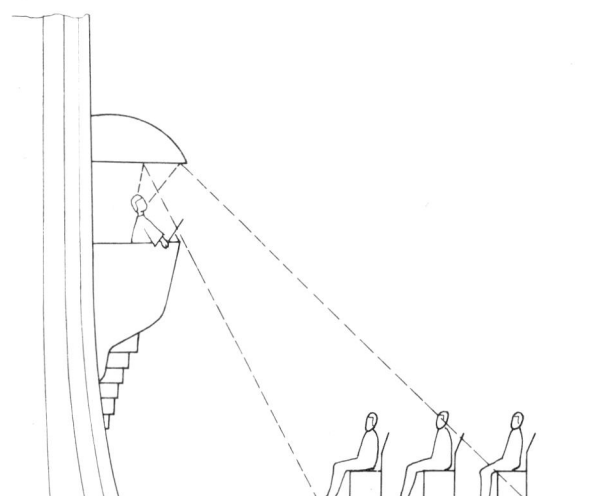

Der Schalldeckel einer Kirchenkanzel lenkt den Schall im wesentlichen auf die Zuhörer; außerdem wird überflüssiger Nachhall vermieden.

als *Kurve* aufgezeichnet werden. Ähnlich arbeiteten die ersten Schallaufzeichnungsgeräte von Weber und später von Scott, die an Stelle der Glasplatte berußte Walzen verwendeten. Scott zeichnete so mit Hilfe einer Membran auch den Klang seiner eigenen Stimme auf, aber eine Wiedergabe der Aufnahme war nicht möglich. Inwieweit diese Geräte dem Amerikaner Thomas Alva Edison bekannt waren oder ihn gar inspiriert haben, dürfte heute schwerlich noch festzustellen sein. Edison, der unter anderem auch der elektrischen Glühlampe eine fabrikationsreife Form gegeben hatte und deswegen als eine Art Berufserfinder gilt, war nicht unvermögend und verfügte über genügend Geld, das ihm die Unterhaltung des kleinen Versuchslabors mit einigen Arbeitern gestattete. Dort ließ er nach seinen Angaben eine Maschine bauen, die dem Scottschen Schallaufzeichnungsgerät sehr ähnlich war. An die Stelle der Rußwalze kam eine Walze mit Stanniolüberzug, in welche eine Stahlnadel an einer Membran die Schwingungen als Vertiefungen eindrückte. Beim Drehen wurde gleichzeitig die Walze seitlich etwas verschoben, und damit entstand durch die Nadel eine Rille, die spiralförmig vom Anfang bis zum Ende der Walze verlief. Setzte man nun nach dem Besprechen der Walze die Nadel wieder an den Rillenanfang, so zwangen beim Drehen die Vertiefungen und Erhebungen in der Furche die Membran zu den gleichen Schwingungsbewegungen wie bei der Aufnahme; sie mußte also das Aufgenommene wiedergeben. Sicher werden Edisons Arbeiter kaum gewußt haben, was sie da eigentlich bauten, und sie staunten nicht schlecht, als Herr Edison an der Kurbel drehte und dabei gleichzeitig mit schrecklich lauter Stimme das Kindergedicht *Mary had a little lamb* (Mary hatte ein kleines Lamm) deklamierte. Sollte der Alte nicht ganz bei Trost sein? Doch dann stellte er etwas an dem Apparat um, drehte wieder die Kurbel, und leise, aber deutlich klangen Edisons Worte aus dem Trichter: 12. August 1877 – der Phonograph war geboren und erstmalig die menschliche Stimme aufgenommen und wiedergegeben worden.

Natürlich hatte dieses Gerät noch Mängel, die Kurbel gestattete keinen ausreichenden Gleichlauf, Musikaufnahmen »jaulten«, und die Spötter blieben nicht aus. Doch schon Ende der 8oer Jahre kamen verbesserte Apparate auf den Markt, bei denen eine Wachswalze die Stanniolwalze ersetzte und der Antrieb durch einen Feder- oder Elektromotor erfolgte. Auf der Internationalen Elektrotechnischen Ausstellung in Frankfurt am Main 1891 wurde der verbesserte Edisonsche Phonograph erstmalig in Deutschland gezeigt. Doch dort fand er eine unerwartete Konkurrenz. In aller Stille hatte Emil Berliner ebenfalls ein Schallaufzeichnungsgerät gebaut, das statt der Walze eine Wachsscheibe aufwies, bei der die Rille spiralförmig von außen nach innen geführt wurde. Er nannte seine Erfindung Grammophon. Phonograph und Grammophon haben begrifflich gleiche Bedeutung.

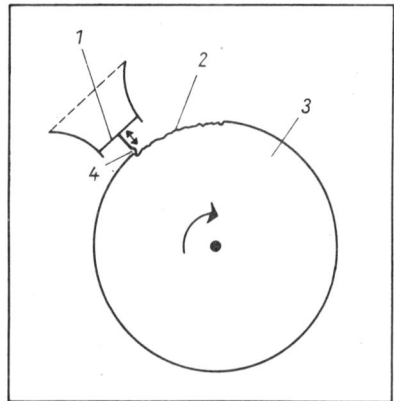

Prinzip der Schallaufzeichnung nach Edison. *1* Membran, *2* Tonspur, *3* Stanniol- oder Wachswalze, *4* Schneidstichel

Die Wörter kommen aus der griechischen Sprache und heißen soviel wie »Schallaufschreiber«.

Zunächst fanden beide Geräte etwa den gleichen Anklang. Besonders Edisons Reklame verschaffte dem Phonographen große Verbreitung. Von dieser Popularität zeugt, daß die Salonmaler jener Zeit sich Motiven mit Phonographen zuwendeten. Langsam setzte sich aber das Grammophon mehr durch. Die Walzen des Phonographen lassen sich nämlich kaum vervielfältigen, und selbst der anspruchsloseste Sänger war bald mit dem Honorar von wenigen Pfennigen je Walze nicht mehr zufrieden. Orchesterstücke auf Walzen waren fast unerschwinglich. Berliners Grammophonplatten dagegen können nach dem Anfertigen einer Matrize auf galvanoplastischem Wege in fast unbegrenzter Zahl kopiert werden.

Auf den Markt gelangten Schallplattengeräte, die teils wie riesige Musikschränke anmuteten, andererseits gab es auch Koffergeräte in großer Zahl. Auch an Versuchen zur Miniaturisierung fehlte es nicht. Für die *Parties* der 2oer Jahre dienten sogar Apparate in Konservendosengröße.

Kurzum, das Grammophon fand rasch eine Beliebtheit, die in diesem Zusammenhang nur mit dem Radio vergleichbar sein dürfte.

Die Schallplatte, also die Schallaufzeichnung nach dem Prinzip Berliners, erlebte im Laufe der Zeit technisch und technologisch mehrere Wandel. Zunächst, man könnte das die erste Schallplattengeneration nennen, wurde der Schall von einer Membrane, die meist aus Glimmer bestand, aufgenommen, und diese geriet in entsprechende Schwingungen. Über ein Hebelsystem, wie bei der mechanischen Schallplattenwiedergabe, nur umgekehrt, wirkten diese Schwingungen auf einen Schneidstichel, der sie entsprechend in die Platte aus Wachs eingravierte. Die Wachsplatte erhielt nun einen elektrisch leitenden Überzug. Darauf erfolgte auf galvanischem Weg ein negativer Abzug, eine Kopie, bei der die ursprünglichen Rillen nun eine Art Wall bildeten, und davon konnten dann wieder die Platten mit den Rillen gepreßt werden. Um mehrere Preßmatrizen zu bekommen, wurde der Vorgang unter Umständen sogar wiederholt. Da natürlich in jeder Stufe kleine Fehlerstellen entstanden, summierte sich das zu Rausch- und Verzerrerscheinungen. Außerdem lief der Weg beim Abspielen nochmals in entgegengesetzter Richtung ab: Plattenrille → Nadel → Hebelsystem → Membrane. Schalltrichter erzeugten nochmals Klangverfälschungen, kurzum, man staunt heute noch über die trotzdem relativ befriedigende Wiedergabe.

Bereits wenige Jahre nach der Jahrhundertwende nutzte man die Schallplatte, die bisher nur einseitig bespielt war (die Rückseite blieb eine glatte Fläche), doppelseitig aus. Dadurch konnte man die doppelte Spieldauer erreichen. Nachdem in den zwanziger Jahren die magnetische Schneiddose erfunden war, verbesserte sich die Aufzeichnungsqualität sprunghaft: Durch Wegfall der ganzen *mechanischen* Kette von der Membran bis zum Stichel verschwand ein großer Teil der Verzerrungsursachen, denn recht gute Mikrofone verstand man auch schon damals zu bauen. Nun lautete der Weg Mikrofon → Verstärker → Magnetspule, die den Schneidstichel bewegte. Zunächst erfolgte die Wiedergabe nach wie vor mit mechanischen Grammophonen. Das war die zweite Schallplattengeneration.

Durch »Umkehren« des Aufzeichnungsvorgangs mit Hilfe des elektromagnetischen Tonabnehmers, seinerzeit auch *Pick-Up* genannt (daher auch die Anschlußbezeichnung PU bei älteren Radios), entfielen alle mechanischen Glieder der Schalldose und Membran, und die Schalleistung brauchte nicht mehr von der Schallplatte selbst über die Nadel abgegeben zu werden. Die Lautstärke hing nur noch von der Verstärkerleistung des Rundfunkgeräts ab, der Lautsprecher erlaubte auch damals schon eine wesentlich verzerrungsärmere Schallabgabe, als bei Glimmermembran und Schalltrichter möglich. Kurz, die elektrische Wiedergabe setzte sich durch, das Abhören einer Schallplatte wurde allmählich zum ästhetischen Genuß. Ein Störfaktor blieb aber bestehen: das Plattenmaterial. Da die Abtastsysteme mit ihrer Masse von 100...150 g eine sehr hohe Auflagekraft an der Stahlnadelspitze erzeugten, mußte eine Schallplatte aus einem äußerst strapazierfähigen Material bestehen, wollte man den Verschleiß weitestgehend auf die auswechselbare Nadel konzentrieren. Der Plattengrundstoff bestand daher aus Schellack mit Zuschlagstoffen wie Schiefermehl

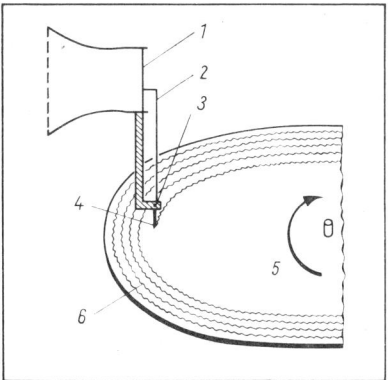

Prinzip der Schallaufzeichnung nach Berliner. *1* Membran, *2* Übertragungshebel, *3* Hebeldrehpunkt, *4* Schneidstichel, *5* Wachsplatte, *6* Tonspur

und ähnlichem. Das ergab eine nicht ganz homogene Masse, mit anderen Worten, die Platten rauschten von vornherein, was natürlich die Übertragungsdynamik erheblich einschränkte. Den Umschlag in eine neue Qualität brachten neue Abtastsysteme. Zunächst wurde die damals noch notwendige große Masse des Magneten durch ein Gegengewicht am Tonarm so weit entlastet, daß die Auflagekraft auf rund $1/10$ sank. Dann fanden Kristallabtastsysteme Verwendung (auf ihre Wirkung kommen wir später noch zu sprechen), die eine ganz geringe Masse aufweisen. Das schonte nicht nur Nadel und Platte, jetzt konnte man sogar sehr verschleißfeste »Nadeln« aus Hartmaterialien wie Korund (Saphir) oder gar Diamant einsetzen, die 2000 Stunden Spielzeit und länger gebrauchsfähig blieben. Inzwischen waren auch geeignete Plaste erfunden worden. Aus ihnen gepreßte Platten hatten den Vorzug einer gleichmäßigen und glatten Masse, die kaum noch Rauschen verursachte. So waren gleich zwei neue Wege geöffnet. Erstens erlaubte dieses Material eine Herabsetzung der Umdrehungszahl der Platten – bei der Schellackplatte wäre das ohne erhebliche Tonqualitätseinbußen nicht möglich gewesen –, und zweitens ließen sich Rillenbreite und Rillenabstand verkleinern. So entstand die Mikrorillen-Langspielplatte. Es war doch bei den Platten recht ärgerlich, daß selbst die große mit 30 cm Durchmesser maximal

5 min Aufzeichnungszeit pro Seite erlaubte. Das änderte sich nun schlagartig: Die 30-cm-Langspielplatte, jetzt mit 33,33 Umdrehungen in der Minute, hat eine Speicherkapazität von fast 25 min auf einer Seite! Andererseits erlaubt die Langspiel-Singleplatte, bei der die Umdrehungsgeschwindigkeit 45 U/min beträgt, eine Aufzeichnungsdauer wie die alte 30-cm-Normalplatte (warum sie heute noch so genannt wird, weiß wahrscheinlich kein Mensch) bei unvergleichlich besserer Klangqualität: die dritte Generation. Immer leichter wurden die Abtastsysteme, die Technologie der Herstellung von Platten bekam man ebenfalls immer besser in den Griff, die Genauigkeit stieg, und damit wurde es möglich, den Traum einer stereofonischen Aufzeichnung zu verwirklichen. Mit Hilfe spezieller Doppelschneidvorrichtungen (und entsprechenden Doppel-Abtastsystemen für die Wiedergabe mit einer Auflagekraft von weniger als 0,05 N) zeichnet man heute auf der äußeren Rillenflanke das auf, was das rechte Ohr zu hören bekommen soll, auf der inneren Rillenflanke berücksichtigt man nur den Schall fürs linke Ohr. Diese Stereoplatte verwirklicht die fehlgeschlagenen früheren Versuche einer räumlichen Schallaufzeichnung wirklich perfekt: vierte Generation. Daß schon bei der dritten Plattengeneration mechanisch-akustisches Abspielen ohne Plattenschäden nicht mehr möglich war, spielt heute überhaupt keine Rolle mehr, denn die alten Grammophone haben nur noch Museumswert. Fast schien bei dieser Tonaufzeichnung eine Verbesserung nicht mehr zu erwarten. Irrtum, der Computer macht's möglich. Beim neuen DMM-Verfahren (für ganz Wissensdurstige, DMM heißt direct-metal-mastering, also etwa Direktaufzeichnung auf die Preßmatrize) setzt ein Computer den Schall mathematisch faßbar um, *digitalisiert* ihn, und dieses Digitalsignal wird, entsprechend decodiert, zur Aufzeichnung verwendet. Der Erfolg? Alles, was den *richtigen* Schall in Form von Rauschen oder Knistern, mangelhaftem Gleichlauf u. a. m. stört, schaltet dieses Verfahren aus. Fünfte Generation.

Solche Platten mit einer Hifi-Anlage abzuhören läßt fast keine Wünsche mehr offen, und mit der gleichzeitigen Aufzeichnung von vier Schallvorgängen – Quadrofonie – sind wahrscheinlich auch die Grenzen der klassischen Schallplatte erreicht, die mit dem Nadelton arbeitet. Zwei negative Faktoren bleiben: die mechanische Abtastung, die zum unvermeidbaren Verschleiß führt, sowie die mechanische Bewegung, die Frequenzstörungen erzeugen kann. Den ersten Faktor hat man bei der neuen CD-Platte (Compact Disk) durch Anwendung von Laserstrahlen zur Abtastung schon beseitigt. Diese Platte nutzt sich also durch noch so häufiges Abspielen nicht mehr ab. Sie bedarf allerdings eines speziellen Abspielgeräts und läßt sich mit üblichen Plattenspielern nicht wiedergeben, ist also nicht austauschbar – kompatibel, wie der Fachausdruck lautet. Im übrigen kann ein solches CD-Gerät im Rahmen dessen, was ich in diesem Buch beschreibe, fast genauso wie ein Plattenspieler eingesetzt werden.

Die mechanische Bewegung eines Tonträgers ist heute noch immer Kennzeichen jeder Tonaufzeichnung beim Tonhobby, ob Platte, Tonband oder Kassette. Sicherlich werden in absehbarer Zeit auch Aufzeichnungsverfahren für den Tonamateur aktuell, bei denen sich mechanisch nichts mehr bewegt. Doch das ist Zukunftsmusik. Bleiben wir erst einmal beim Heute.

Wollen wir nun sehen, wie sich das Tonband entwickelt hat. Der dänische Physiker Valdemar Poulsen ging schon im Jahre 1898 von der ganz anderen Überlegung aus, daß es möglich sein müsse, nach dem Prinzip des Bellschen Telephons und der Dynamomaschine Schallschwingungen nicht nur in elektrische Spannungsschwankungen und wieder in Schallschwingungen umzuwandeln, sondern auch in geeigneter Weise elektromagnetisch festzuhalten und zu reproduzieren. 1900 veröffentlichte er in den *Annalen der Physik* das Prinzip seines Telegraphons. Physikalisch gesehen ist das genau dasselbe, wie wir es noch heute bei unseren Bandgeräten finden. Ein von den Strömen eines Mikrofons erregter Elektromagnet magnetisiert einen vorbeigeführten Stahldraht, der bei der Wiedergabe entsprechende Spannungen in einer Drahtspule induziert, die in einem Telefon hörbar gemacht werden können.

Hoffentlich haben Sie jetzt keinen Schreck bekommen! Ich wollte Ihre physikalischen Kenntnisse gar nicht strapazieren. Aber »ganz ohne« geht das eben nicht. Sie dürfen das auch getrost wieder vergessen, merken wir uns nur, das Prinzip des Tonbands hat Poulsen erfunden. Er war aber seiner Zeit weit voraus. Infolge des Fehlens jeglicher Verstärkungsmöglichkeit war die Wiedergabe sehr leise.

1935 war der Bann endlich gebrochen und das »Magnetophon« geboren. Seine Wiedergabegüte entsprach völlig der Schallplatte jener Zeit und brachte den Vorteil, daß die Bänder beliebig oft magnetisch neutralisiert, außerdem geschnitten, geklebt und für neue Aufnahmen verwendet werden konnten. Beim Rundfunk fanden die Magnetophone gleichberechtigt mit den Schallplatten Anwendung. Ein gewisses Bandrauschen, das zunächst nicht zu beseitigen war, mußte in Kauf genommen werden. Die damalige Schallplatte rauschte ja auch. Ein defekter Verstärker, purer Zufall also, führte nach rund zehn Jahren Dr. von Braunmühl und Dr. Weber zu einem neuen Aufnahmeverfahren, das unter dem Namen Hochfrequenzvormagnetisierung bekannt wurde. Nun waren plötzlich Aufnahmen möglich, die vom zartesten Pianissimo bis zum brausenden Fortissimo einer Wagner-Partitur eine Klangqualität gestatteten, die man bisher nicht zu erhoffen wagte.

In den 50er Jahren begann eine neue Entwicklung. Die technisch so einfache Möglichkeit der Tonaufnahme auf Magnetband führte zum Heimgerät. Im Vergleich zum Plattenspieler bietet das Tonband für den Besitzer einen neuartigen Reiz und praktische Vorzüge: Ohne komplizierte technische Manipulation kann man aufnehmen, was gerade am interessantesten erscheint; Magnetbänder nutzen sich bei der Wiedergabe nicht ab und können beliebig oft gelöscht und neu bespielt werden.

Vor einigen Jahren bekam das Tonbandgerät einen Bruder, den Kassettenrecorder. Das technische Prinzip der Aufnahme und Wiedergabe ist bei ihm das gleiche. Statt der offenliegenden Spulen – zum Teil sogar offenen Bandwickel ohne stabilisierenden Spulenflansch – liegt beim Recorder das Tonband wohlgeschützt in einer Kassette; damit wurde die Bedienung erheblich vereinfacht. Kassettenwechsel und Abspielen sind so beinahe noch unkomplizierter als der Plattenwechsel beim Plattenspieler. Im allgemeinen hat der Kassettenrecorder außerdem noch ein geringeres Volumen als das Spulenbandgerät. Transport und Aufbewahrung bilden also in

der Praxis kein Problem mehr. Seine Kinderkrankheit – ein relativ geringer Frequenzumfang, davon später mehr – hat er in praxi überwunden. Seine einfache Bedienung machte ihn sehr beliebt. Problemlos ist nicht nur die Wiedergabe, sondern auch das Aufnehmen von einem Rundfunkgerät, mit einem Mikrofon oder auch das Überspielen von Schallplatten oder anderen Bändern. Die entscheidende Einschränkung der Kassette: Das Schneiden des Bandes wie beim Spulentonband ist nicht vorgesehen und läßt sich auch nicht ohne weiteres ausführen. Bei bestimmten Vorhaben kann das äußerst hinderlich sein. Obwohl die Bezeichnungen Spulengerät beziehungsweise Recorder nicht ganz korrekt sind, denn die Kassetten enthalten ebenfalls Spulen, und aus dem angelsächsischen Sprachgebrauch wurde zum Teil der Begriff Recorder auf alle Bandgeräte ausgedehnt, gebrauche ich im folgenden diese Begriffe der Einfachheit halber, sofern es notwendig ist, zwischen den Typen zu unterscheiden.

Beim Tonbandgerät werden die von der Quelle, d. h. dem Radio, Mikrofon oder Plattenspieler abgegebenen Spannungen verstärkt und einem Elektromagneten zugeführt. Die magnetische Kraft dieses Elektromagneten schwankt damit im Takt der Schallschwingungen. Die Pole sind nun so ausgebildet, daß sich zwischen ihnen nur ein ganz schmaler Spalt befindet. Das ist der Tonkopf, hier der Aufzeichnungskopf. An diesem Spalt wird das Tonband vorbeigeführt. Bei unseren Tonbändern – 6,25 mm, jetzt auch 6,3 mm, ursprünglich 6,35 mm ≙ 0,25″ (Zoll) breit als Spulenband, 3,81 mm ≙ 0,15″ breit als Kassettenband – ist auf einer filmähnlichen Unterlage eine magnetisierbare Schicht aufgetragen. Diese Schicht wird nun mehr oder weniger stark magnetisch beladen. Die Grundsubstanz der Schicht besteht meist aus Eisenoxiden; es wird aber auch, besonders bei Kassettenbändern, Chromdioxid verwendet; mitunter, aber kaum bei Amateurbändern, nimmt man auch Reineisen.

Ziehen wir dieses Band an einem gleichartigen Tonkopf vorbei, dieses Mal dem Wiedergabekopf, so induziert das magnetische Band in der Spule dieses Kopfes Spannungen, die genau den Schallschwingungen entsprechen. Voraussetzung ist dafür natürlich, daß die Laufgeschwindigkeiten des Bandes beim Aufsprechen und Abhören völlig gleich sind. Diese Spannungen werden ebenfalls wieder verstärkt und endlich in einem Lautsprecher hörbar gemacht. Das klingt alles recht einfach, jedoch treten innerhalb dieser Übertragungskette etliche Schwierigkeiten auf, die sich fast alle im Bandgerät konzentrieren. Jeder magnetisierbare Stoff hat nämlich die Eigenschaft, sich nur bis zu einem Höchstwert, der Sättigung, magnetisch machen zu lassen. Wird dieser überschritten, das Band *übersteuert*, entstehen Klangverfälschungen. Infolge bestimmter physikalisch bedingter Umstände wird der Aufzeichnungskopf mit einem Wechselstrom hoher Frequenz vormagnetisiert. Geschieht das nicht, entstehen ebenfalls erhebliche Klangverzerrungen. Übrigens hängt die optimale Vormagnetisierung auch vom Bandtyp ab, daher muß beispielsweise (auto-matisch oder von Hand) beim Kassettenrecorder eine entsprechende Umschaltung erfolgen, falls man bei der Aufnahme einmal von Eisenoxidband auf Chromdioxidband umsteigt. Eventuell ist das Umsteigen gar nicht möglich, falls der Recorder nämlich fest auf einen Typ eingestellt sein sollte. Auf die Wiedergabe hat das keinen verzerrenden Einfluß, abspielen kann man also alle Bandtypen in jedem Fall.

Weiter benutzt man heute bei allen Bandgeräten den ohnehin vorhandenen Hochfrequenzwechselstrom zum Speisen des *Löschkopfs*, der sich in Bandlaufrichtung vor dem Aufzeichnungskopf befindet, zum Löschen einer gegebenenfalls auf dem Band befindlichen Aufnahme (abgesehen von der Trickschaltung, von der wir später noch sprechen werden).

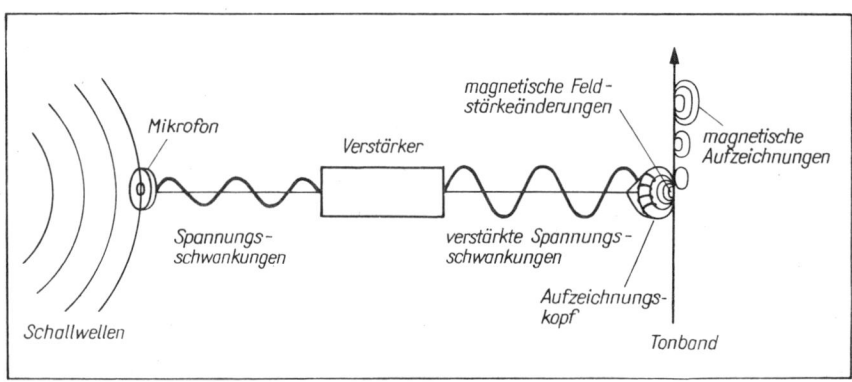

Prinzip der magnetischen Schallaufzeichnung

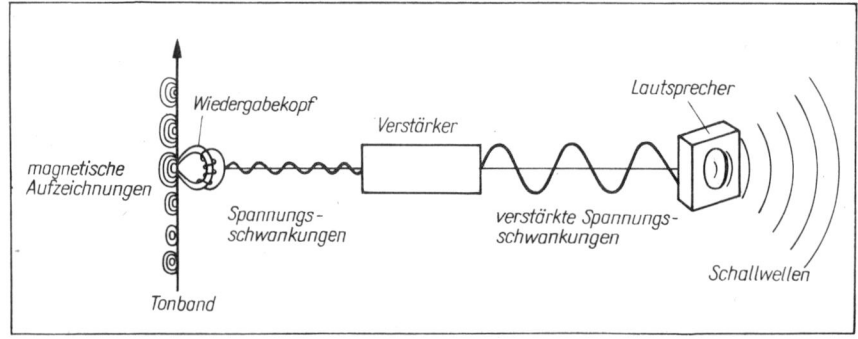

Prinzip der Wiedergabe einer magnetischen Schallaufzeichnung

Nun noch ein Wort zur Bandlaufgeschwindigkeit. Während man anfangs sehr hohe Geschwindigkeiten benutzte, kam man nach der allgemeinen Einführung des Magnettons bald zu einer internationalen Norm, die ursprünglich 76,2 cm ≙ 30″ betrug. Ein Band von 1000 m Länge reicht dabei für rund 22 min Spielzeit. Durch ständige Verbesserungen an Bändern und Apparaturen sind heute mit nur 9,53 cm/s – entsprechend ⅛ der ursprünglichen Bandlaufgeschwindigkeit – mehr als 16 kHz erreichbar. Das ist die heute von Amateuren bei Spulengeräten meist benutzte Geschwindigkeit, aber auch mit 4,76-cm-Geräten erhalten wir Tonqualitäten, die hohen Anforderungen genügen. Kassettenrecorder verfügen – international ebenfalls genormt – fast ausschließlich über diese Bandlaufgeschwindigkeit.

Die krummen Zentimeterzahlen resultieren also aus den Zollmaßen. Das findet man in den internationalen Standards für elektrische Geräte häufig. Zum Beispiel beträgt der Abstand der Netzsteckerstifte von Mitte zu Mitte 0,75″ ≙ 19,05 mm, wobei der Einfachheit halber meist nur 19 mm angegeben sind.

Die Tonköpfe finden wir an Heimgeräten meist als Lösch- und Kombikopf, wobei letzterer für die Aufnahme und Wiedergabe gemeinsam benutzt wird. Überdies wird ähnlich dem Doppel-8-Schmalfilm bei der Aufnahme nur eine Hälfte (Halbspurtechnik) oder gar nur ein Viertel des Bandes (Vierspurtechnik) bespielt. Das nutzt die Speichermöglichkeit natürlich viel besser aus und erlaubt auch stereofonische Aufnahmen.

Der Vollständigkeit halber sei noch gesagt, daß es für Spezialzwecke (Komponisten, Arrangeure u. a.) auch Bandgeräte mit über 30 Spuraufzeichnungsmöglichkeiten auf breitere Bänder gibt.

Wie schon erwähnt, hat Reis das erste Mikrofon in den 60er Jahren des vorigen Jahrhunderts entwickelt. Dieses Mikrofon reifte dann zum Kohlekörnermikrofon, wie wir es in Fernsprechern meist noch heute vorfinden. Für uns Tonamateure ist es praktisch bedeutungslos, weil die Übertragungsqualität (sprich: Frequenzgang) keinesfalls auch nur einfachsten Ansprüchen der Musikaufnahme genügt.

Unter den Tonbandamateuren war zuerst das Kristallmikrofon weit verbreitet. Hier wird das Verhalten bestimmter Kristalle ausgenutzt, beim mechanischen Biegen elektrische Spannungen zu erzeugen. Eine geeignete Verbindung zwischen einer dünnen Membran und dem Kristall sorgt für eine verzerrungsarme Übertragung. Das Prinzip ist das gleiche wie beim Kristalltonabnehmer, von dem ich schon sprach. Während es sich dort noch sehr bewährt, ist man beim Mikrofon von diesem Prinzip aus verschiedenen Gründen weitgehend abgekommen, in erster Linie war es wohl der etwas harte Klang, also auch wieder eine Frage des Frequenzganges. Statt der Kristalle finden heute auch geeignete keramische Werkstoffe Verwendung. Mehr und mehr setzte sich das dynamische Mikrofon durch. Die physikalische Grundlage bildet dabei die Eigenschaft einer Spule, Spannungen zu induzieren, wenn sie in einem Magnetfeld bewegt wird. Man klebt auf eine dünne Membran eine Spule so auf, daß sie in den Spalt eines Ringmagneten hineinragt.

Schwingt die Membran, so werden in der Spule den Schwingungen entsprechende Spannungen induziert. Moderne Technologien erlauben die Fertigung so leichter Membran-Spulen-Systeme, daß die Übertragungsqualität keine Wünsche mehr offen läßt und den gesamten Hörbereich erfaßt. Das war noch vor einigen Jahren nur mit Kondensatormikrofonen möglich. Als Einzelgerät ist es sehr teuer. Und wenn es auch eine unglaubliche Empfindlichkeit besitzt, z. B. läßt sich Flüstern auf 10 m Entfernung ohne weiteres aufnehmen, so schafften sich solch ein Gerät nur ganz wenige Amateure an. Es findet sich heute manchmal als Einbaumikrofon in Recordern, wo man die ohnehin vorhandenen Elektronikbauteile mit ausnutzen kann.

Bei unseren Lautsprechern handelt es sich gegenwärtig fast ausnahmslos um dynamische Typen, im Prinzip eine Umkehrung des dynamischen Mikrofons. Sie bilden, worauf ich im nächsten Kapitel noch zu sprechen komme, oft das schwächste Glied in der elektroakustischen Übertragungskette und sind darum dann der Hinderungsgrund eines Hifi.

Was hat es mit dieser Bezeichnung eigentlich auf sich? Dazu muß ich ein wenig in den Bereich der Musik ausholen. Sicher ist den meisten Lesern bekannt, daß der ohrgesunde Mensch die Schallschwingungen vom

C_2, das entspricht 16,4 Schwingungen pro Sekunde = 16,4 Hz, bis etwa zum siebengestrichenen c ($c^7 \cong 16744$ Hz oder 16,744 kHz) als Töne empfindet bzw. hört. Das ist die enorme Spanne von 10 Oktaven. (Im Alter reicht's im allgemeinen nur bis rund 10 kHz, aber das sind immer noch 9½ Oktaven.) Nun haben wir Glück, denn außer in ganz großen Orgeln wird dieser Frequenzbereich in den Grundtönen von keinem einzigen Musikinstrument, geschweige denn der menschlichen Stimme, erfaßt. Letztere reicht etwa, Gesangsausbildung vorausgesetzt, beim Baß vom E bis g^1, beim Sopran vom c^1 bis zum f^3 und nur in extremen Ausnahmefällen um ein paar Töne weiter: also jeweils ungefähr 2½ Oktaven, und das Klavier umfaßt meist die Töne von A_2 (27,5 Hz) bis c^5 (4186 Hz) also gut 7 Oktaven. Bei anderen Instrumenten ist der Bereich gewöhnlich etwa 4 Oktaven breit. Natürlich kommt nun ein Aber. Ich sagte: bei den Grundtönen. Sie kommen nämlich nur in Ausnahmefällen allein vor, man nennt sie auch Sinustöne, und die klingen gar nicht so schön. Meist gehören zu diesen Grundtönen Oberschwingungen, die den Klangcharakter oder die Klangfarbe ausmachen, bei der menschlichen Stimme überhaupt erst das Sprechen ermöglichen. Diese Oberschwingungen reichen bei einigen Instrumenten bis nahe 15 kHz, bei allen aber einschließlich unserer Stimme bis in den Bereich von 10 kHz. Theoretisch müßte also, wenn man höchste Klangtreue fordert, was Hifi (high fidelity) ja bedeutet, eine Anlage alles von 15 bis 15 000 Hz übertragen. *Das* gibt's aber nur in extremen Ausnahmefällen und so gut wie nie bei Amateurgeräten. Braucht es auch nicht. Bei den klassischen AM-Rundfunkbereichen, d. h. also, Kurz-, Mittel- und Langwellen, geht der Frequenzbereich aus technischen Gründen nur bis 4500 Hz, und wir empfinden diese Übertragung ja meist als befriedigend. Erst UKW machts

möglich, auch 15 kHz zu erfassen. Eigenartigerweise empfindet der Mensch eine Übertragung als ausgewogen, wenn das geometrische Mittel der niedrigsten und höchsten übertragenen Frequenz etwa 1000 Hz beträgt. So ist es physikalisch-mathematisch richtig. Man kann's auch einfacher sagen: Der Frequenzbereich soll gleichviele Oktaven bzw. Tonstufen nach oben und unten betragen, wenn man von 1000 Hz (etwa c^3) ausgeht. Abgerundet bedeutet das ungefähr

200 Hz...4600 Hz (AM-Bereich) oder
65 Hz...16 000 Hz, also UKW entsprechend.

Verschiebt man den Bereich nach unten (oder dämpft die Höhenwiedergabe, das kommt auf das gleiche hinaus), wird der Klang dunkler, Gleiches nach oben oder Tiefendämpfung: der Klang wird heller. Nun ist es schon eine Weile gar kein Problem mehr, Verstärker, Tonabnehmer, Mikrofone und Bandgeräte für den Bereich von 16 Hz bis 20 000 Hz auszulegen. Nur beim Lautsprecher fällt es schwer, mit dem Frequenzgang unter 100 Hz zu kommen. Das hat physikalische Gründe. Deshalb sind Lautsprecher, die 50 oder gar 40 Hz ebenso gut abstrahlen wie 18 oder 20 kHz, ganz schön teuer. Nebenbei, für den Fernsprecher genügen zur Sprachübertragung etwa 250...3500 Hz, ebenso z. B. für Ansageanlagen auf Bahnhöfen, aber Musik klingt dabei, als käme sie aus einem alten Blecheimer. Für eine Hifi-Anlage fordert man deshalb ein Übertragungs-Frequenzband von 50...15 000 Hz, das wirklich hohen Ansprüchen genügt (Grundtöne tiefer als 50 Hz, etwa G_1, kommen musikalisch sehr selten vor). Daß die Hifi-Forderungen außerdem eine recht große Dynamik, einen ganz geringen Rausch- und Störanteil sowie minimalste Tonabweichung bedingen, versteht sich von selbst.

Nun soll's mit der Theorie erst einmal genügen, stürzen wir uns jetzt hinein ins volle Tonerleben.

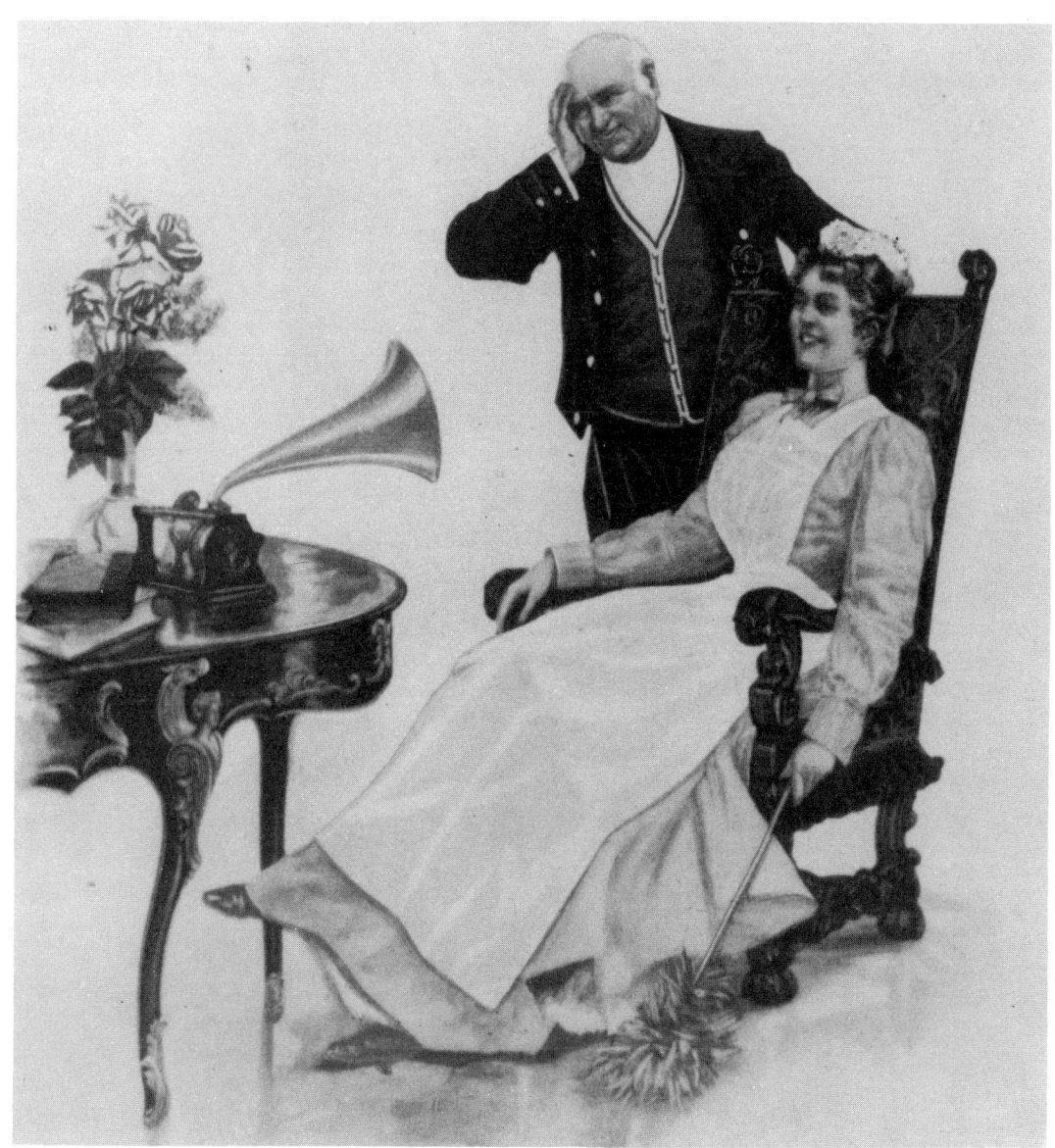

Der Phonograph in der Salonmalerei.
Cucuel: *Dienstboten hören das neueste Couplet.*

Thomas Alva Edison gelang es als erstem, Schall aufzuzeichnen und auch wiederzugeben (nach einer historischen Darstellung).

Der Urphonograph zeigt in dieser alten Darstellung bereits alle notwendigen Teile: *a* Achse mit Schraubengewinde, *S* Schwungrad (für ausreichenden Gleichlauf) mit Kurbel *K*, *l* Lager, *W* Wachswalze, *t* Membranträger, *m* Membran.

Ein Original-Edison-Phonograph aus der Zeit zwischen 1900
und 1914

Ein uhrwerkbetriebener Phonograph vom Ende des vorigen
Jahrhunderts ist im linken oberen Bild zu sehen. Er hatte bereits einen Fliehkraftregler zum Konstanthalten der Drehzahl.
Darunter ein Phonograph als Tonmöbel aus den Jahren zwischen 1890 und 1900 und oben ein Grammophon um 1910

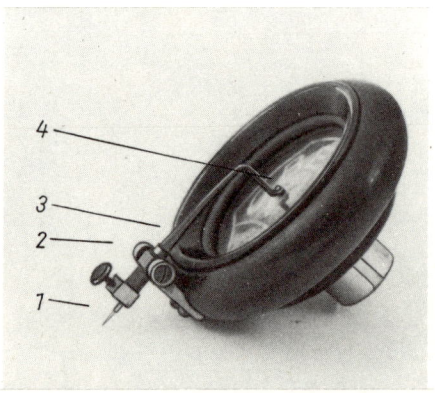

So sah die mechanische Schalldose aus (oben). Die Nadel *1* war im Nadelhalter befestigt, dessen Verlängerung, im Drehpunkt *2* gelagert, den Übertragungshebel *3* bildete und die Glimmermembran *4* zum Schwingen brachte.

Die Kuriosität aus der Schweiz (unten) hieß Mikiphone. Zusammengelegt war es etwa so groß wie eine Fischkonservendose; ein Deckelteil diente als Resonanzkörper, vorn ist das Nadelkästchen zu sehen, das ebenfalls in der Dose Platz fand.

Eins der beliebten Koffergrammophone. Aufziehkurbel, Geschwindigkeitssteller und Nadelbehälter sind gut zu sehen. An der Schalldose war auch noch ein kleiner Rillen-Reinigungspinsel angebracht.

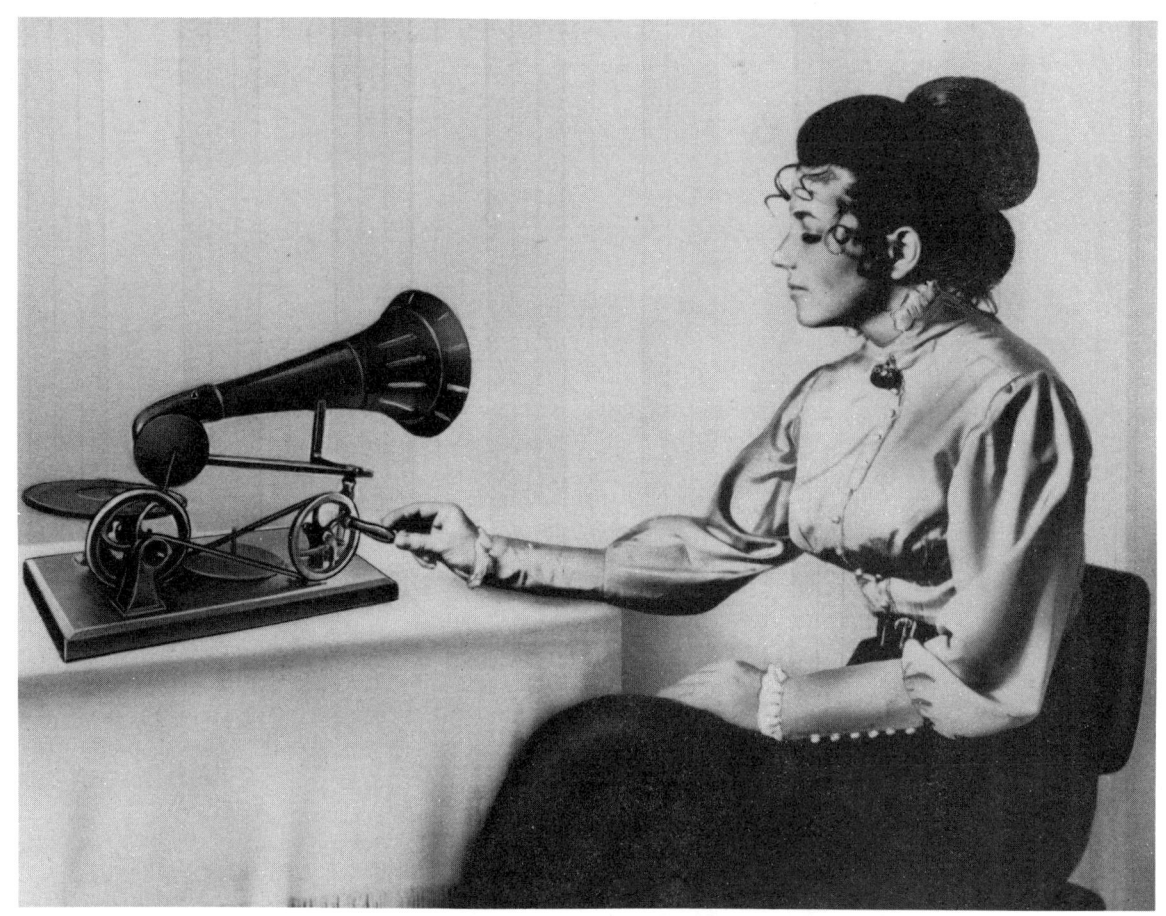

Eins der ersten Grammophone, Baujahr um 1892. Dieses Gerät
arbeitete noch mit Antriebskurbel, und ein Schwungrad diente
zum Konstanthalten der Umdrehungsgeschwindigkeit.

Oben rechts ein Koffergrammophon einfacher Ausstattung, wie
es um 1930 gebräuchlich war.

Ultraphon (nach 1920). Zwei Schalldosen erzeugten einen volleren Klang, bewirkten natürlich auch den doppelten Plattenverschleiß.

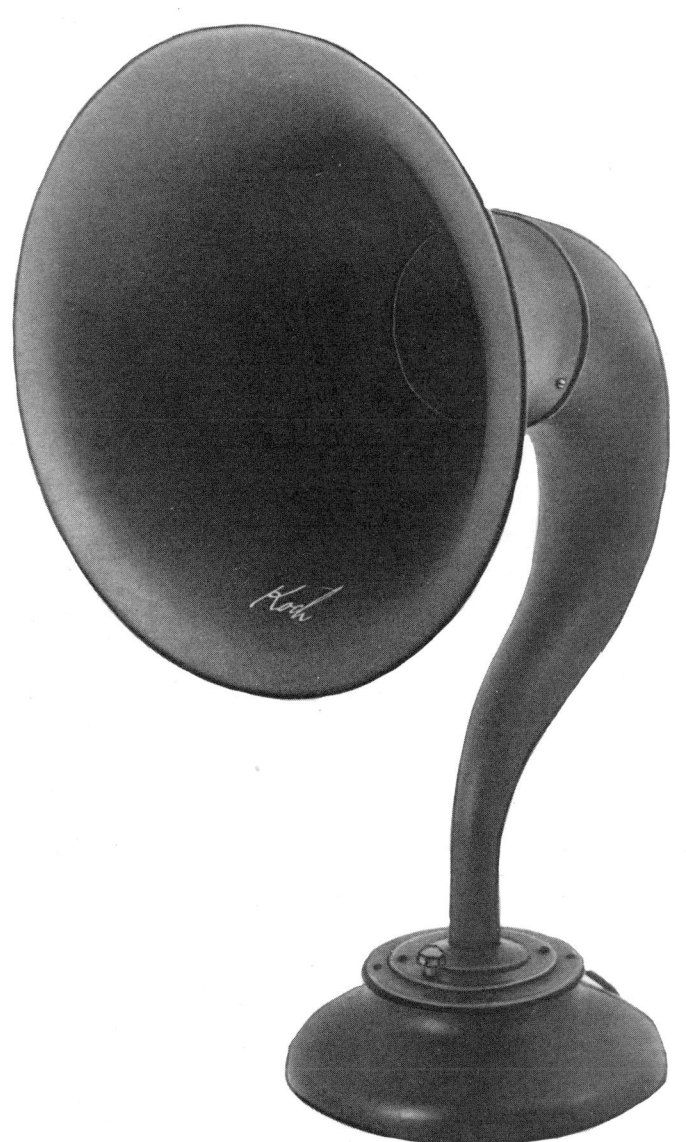

Schallplattenaufnahme- und Wiedergabegerät von 1935 mit stroboskopischer Drehzahlkontrolle (links oben). Darunter eins der ersten (Draht-)Magnettongeräte um 1930, oben einer der ersten Lautsprecher (etwa 1928).

Ein Studiomikrofon der 2oer Jahre – ein Kohlemikrofon des
Querstrom-Typs – (oben) und ein Sprechermikrofon aus der
Anfangszeit des Rundfunks, ein Kohlekörnermikrofon ähnlich
den heutigen Fernsprechermikrofonen (unten).

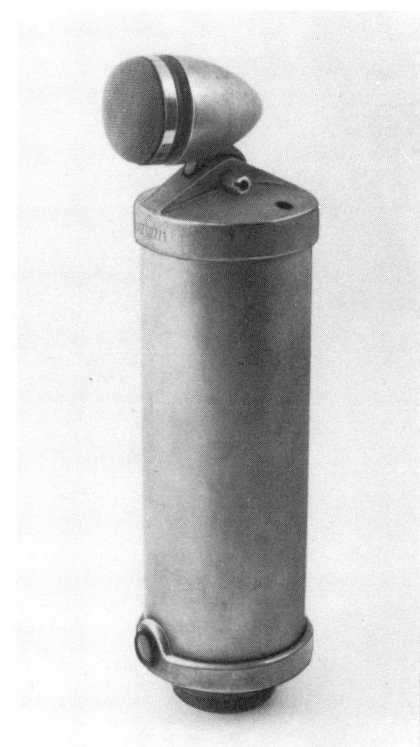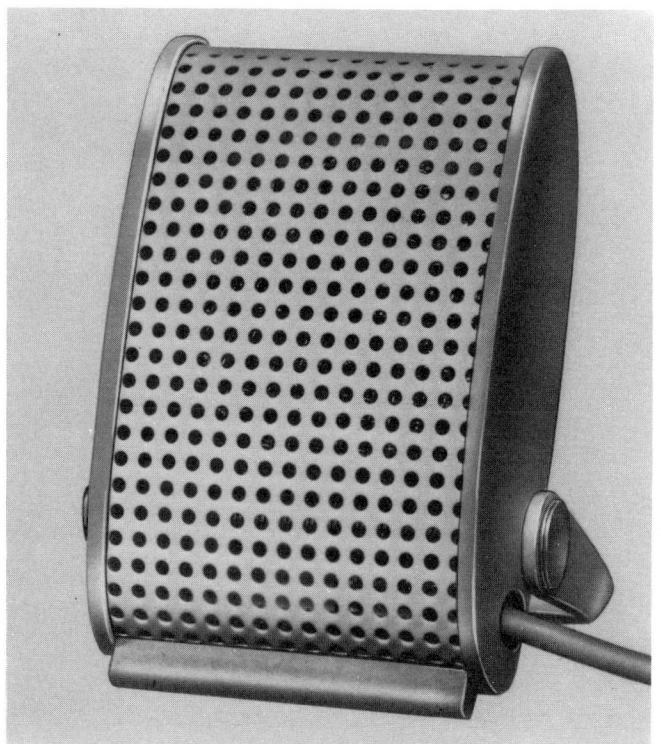

Links ein Kondensatormikrofon der 30er Jahre, wie es in ähnlicher Form als *graue Flasche* bis zur Mitte der 50er Jahre verwendet wurde. Im Stahlrohr unter der Sprechkapsel befand sich der Vorverstärker. Daneben ein Amateur-Kristallmikrofon, wie es in den Jahren nach 1960 sehr häufig benutzt wurde. In seiner Übertragungsqualität könnte es heutigen Ansprüchen natürlich in keinem Fall mehr genügen.

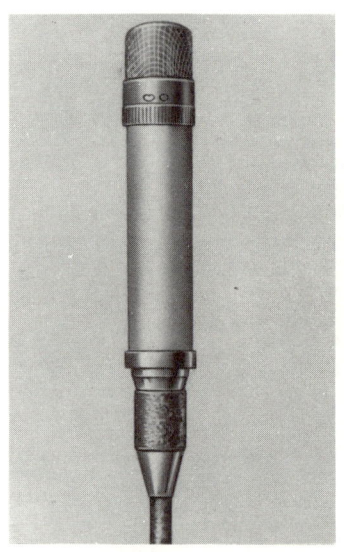
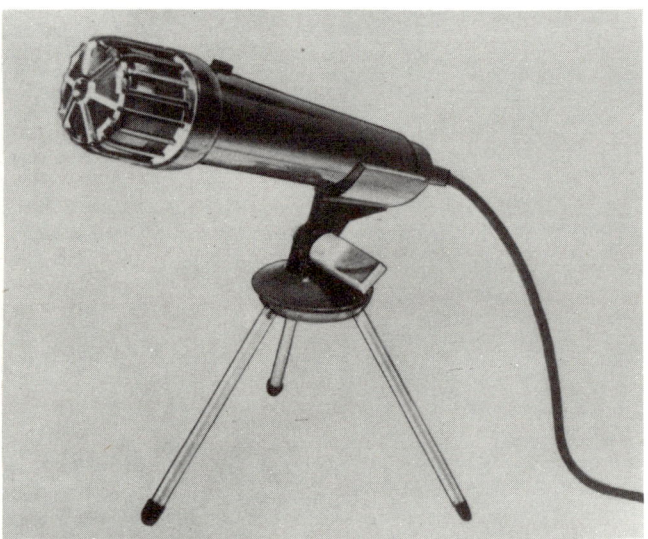
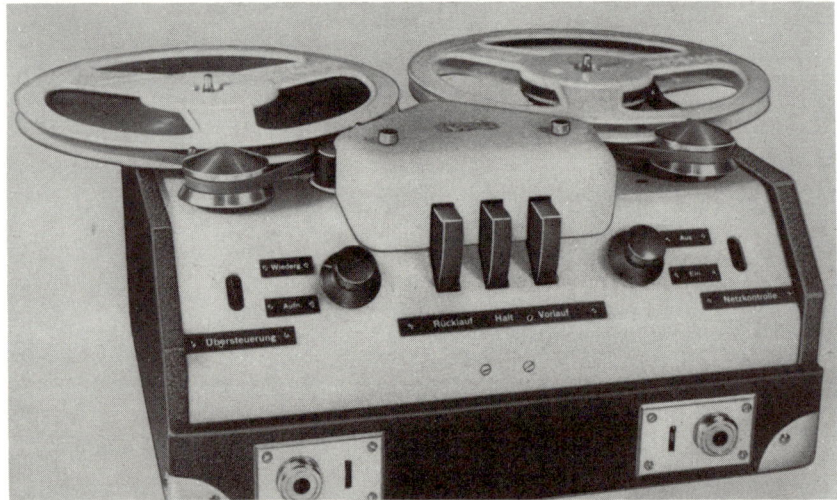

Ein modernes Studio-Kondensatormikrofon für höchste Anforderungen an die Übertragungsqualität (oben links); umschaltbar auf verschiedene Richtcharakteristiken. Daneben ein modernes Amateurmikrofon von dynamischem Typ. Es besitzt Nierencharakteristik und entspricht Hifi-Forderungen.
Unten ein BG 19, das erste Amateurtonbandgerät aus der DDR, Baujahr 1952

Ein modernes Hifi-Stereo-Bandgerät B 730 (TESLA, ČSSR).

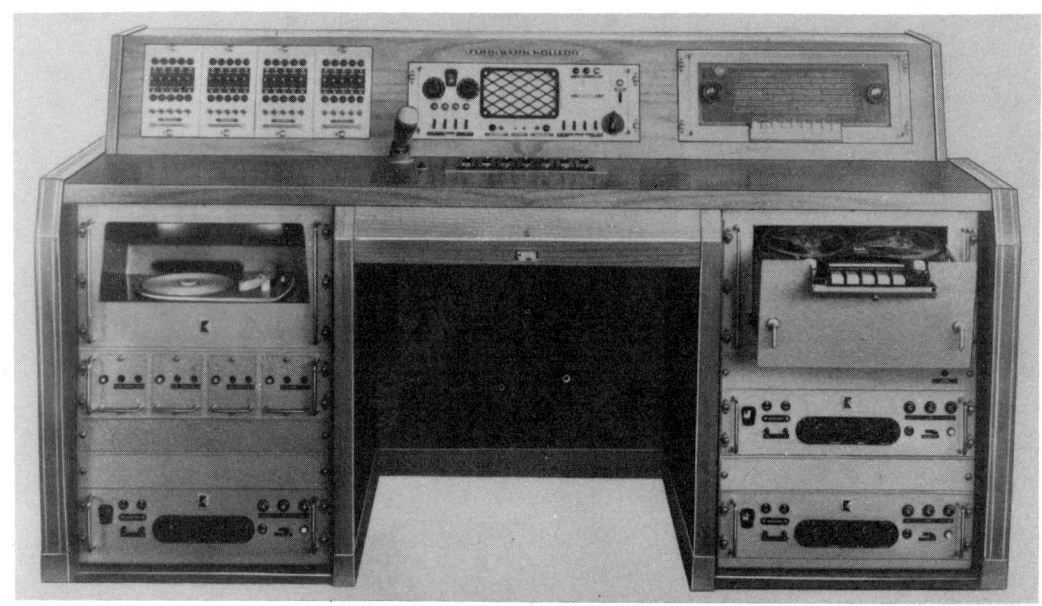

Die Groß-Betriebsfunkanlage aus den 60er Jahren bedurfte für 60 W Sprechleistung, Empfänger, Plattenspieler und Bandgerät dieser Mammutausführung (oben). Das moderne Gegenstück (unten) hat zwar »nur« 2 × 25 W = 50 W Leistung, doch betragen die Maße 39 cm Breite und etwa 40 cm Höhe: Hifi.

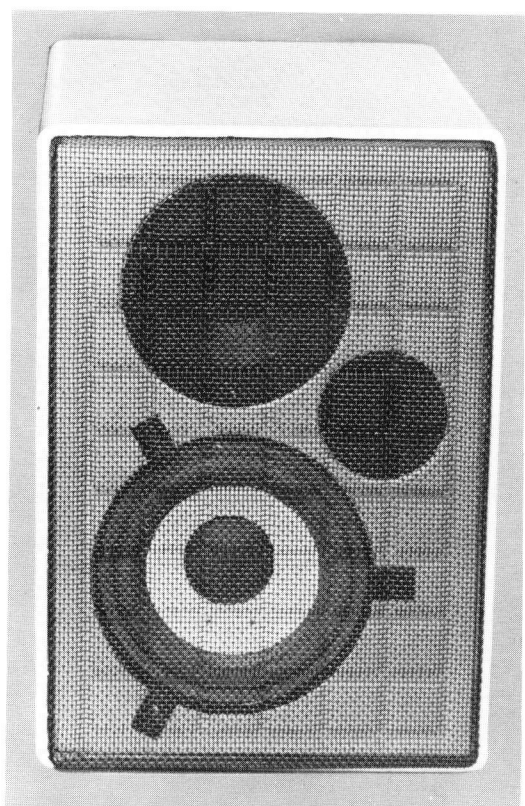 

Links eine Hifibox von heute. Bei einer Schalleistung bis 50 W und hervorragenden klanglichen Eigenschaften hat sie einen Rauminhalt von rund 8,5 dm³. Die Stadtfunktonsäulen aus den 70er Jahren – das Bild rechts zeigt eine Kombination aus vier Einzelstrahlern – bringen dagegen je Strahler ganze 12,5 W Sprechleistung auf, insgesamt also 50 W, und das bei mäßiger Tonqualität.

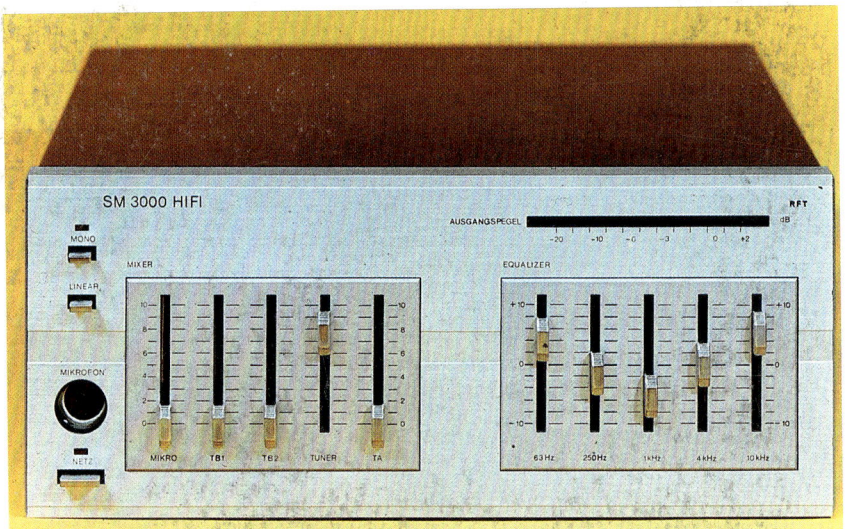

Der röhrenbestückte Kraftverstärker oben hatte bei einer Ge-
samtmasse von mehr als 20 kg maximal 25 W Sprechleistung.
Darunter eine Kombination von Mixer und Equalizer als Zusatzgerät für eine Hifi-Stereoanlage.

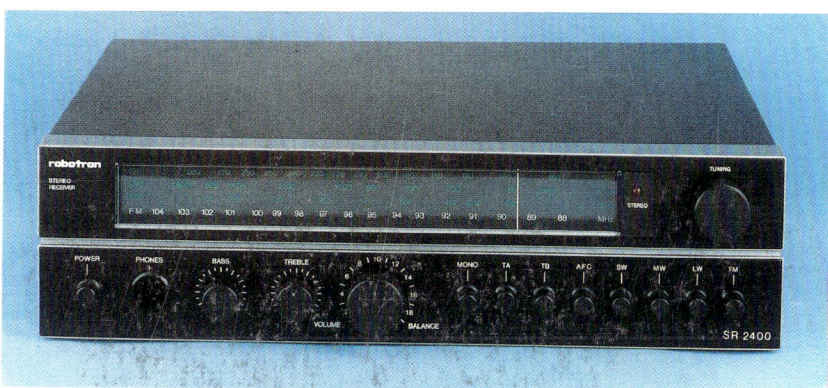

Oben eine Stereo-Kompaktanlage mit 2 × 15 W Sprechleistung, also mehr als der des Kraftverstärkers. Hinzu kommen Empfänger, Kassettenrecorder, Plattenspieler, und das alles bei viel geringerer Masse. Der Stereo-Receiver unten ist weniger als 40 cm breit und trotzdem mit 2 × 6 W recht leistungsstark.

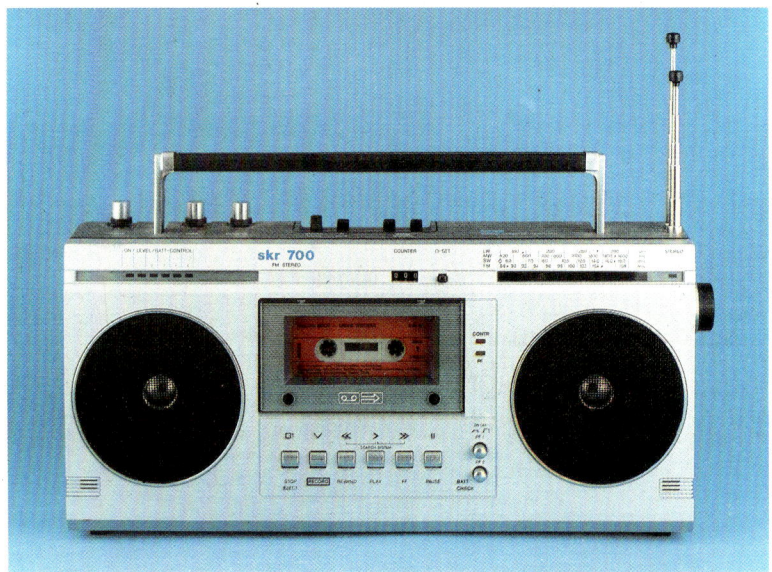

Zwei moderne Tongeräte: Hifi-Plattenspieler und Stereo-Kassettenrecorder

So richtet man eine Tonanlage ein

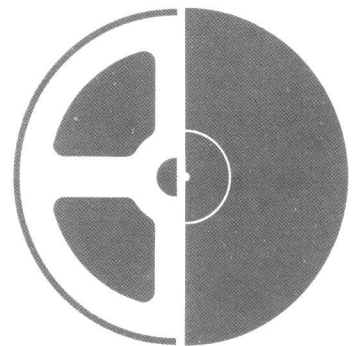

Über Räume, Geräte und alles das, was die Voraussetzung für einwandfreie Tonübertragung bildet

Endlich haben Sie den Entschluß gefaßt, sich eine komplette Tonanlage zuzulegen. Nein? Sie haben schon einiges? Das möchten Sie also ergänzen. Im Grunde dürfte das auf eins herauskommen, denn Sie wollen – und darin sind wir uns ja völlig einig – in Ihrem Heim eine Tonanlage einrichten, an der Sie und alle, die zuhören, Ihre Freude haben. Ich betone das Wort *zuhören*, denn darauf kommt es hier an, und ich möchte nicht auf die heute vielfach vorhandenen Küchen-, Schlaf- und Badezimmergeräte eingehen, ebensowenig auf die Unterwegs-Schallberieselungsgeräte. Halt – damit wir uns richtig verstehen, ich spreche letztgenannten ihre Existenzberechtigung keinesfalls ab, im Gegenteil, ich komme noch einmal darauf zurück. Aber jetzt geht's um die Heimgeräte, die uns in unserer Freizeit einen ästhetischen Genuß bieten können. Ich schiele dabei nach keinem Geldbeutel, denn daß Apparate mit der besseren Klangqualität und höherem Bedienkomfort teurer sind als einfachere Ausführungen, versteht sich wohl von selbst. Was Sie Ihrem Privatministerium für Finanzen zumuten können, wissen Sie selbst am besten; nur dort werde ich spezielle Hinweise geben, wo Knauserigkeit am wenigsten angebracht erscheint oder wo man trotz Sparsamkeit zu sehr guten Ergebnissen gelangen kann.

Fangen wir beim Raum selbst an. Langgestreckte, womöglich noch sehr hohe Räume, ausgestattet mit Stahlmöbeln und Acryltischplatte, ohne Teppich und mit nur ganz dünnen Gardinen, glattflächigen Wänden und ebensolcher Decke, können Sie vergessen. Darin sind die raumakustischen Verhältnisse derart ungünstig, daß jede auch nur annähernd befriedigende Tonwiedergabe wahrscheinlich nicht möglich ist. Viel besser eignen sich nicht zu hohe Räume zwischen 18 und 30 m² Grundfläche mit vielgegliederten Wänden (Schrankwand), Polstermöbeln und Teppich. Probieren Sie einmal, und klatschen Sie im vorgesehenen Zimmer in die Hände. Wenn Sie ein deutliches Nachhallen bemerken, eignet sich dieser Raum bestimmt nicht sehr gut, klingt's dagegen *trocken*, fast wie im Freien, haben Sie wahrscheinlich richtig gewählt. Und wenn es sich dabei noch um eine ausgesprochen ruhige Stube handelt, womöglich mit Doppelfenster zum Garten hinaus, brauchen Sie auch nicht zu fürchten, daß vorbeifahrende Traktoren Ihnen Schuberts Forellenquintett mit Geknatter garnieren. Übrigens ist eine Wohnung in der vierten Etage oder noch höher normalerweise ruhiger als im Erdgeschoß oder der Beletage, doch das läßt sich wohl kaum aussuchen.

Ob es überhaupt einen idealen Tonraum für den Amateur gibt (Tonstudios haben natürlich sowas), stelle ich einmal dahin. Doch sei's gesagt: Großmutters Stübele in Plüsch, Samt und Wolle kommt dem schon recht nahe. Man sollte ja auch darauf achten, daß die Zuhörer möglichst bequeme Sitzgelegenheiten vorfinden. Sehen Sie, auch dieser Forderung kommt Opas Lehnsessel nach.

Einen weiteren wichtigen Umstand müssen Sie unbedingt beachten. Sicher haben Sie in froher Runde und festlicher Stunde mit Ihren Lieben schon manches Gläschen geleert, beim Zuprosten angestoßen und sich dabei über das glockenreine Klingklang gefreut. Wußten Sie schon, daß dieses Klingen auch sehr stören kann? Nicht beim Anstoßen, auch kaum dann, wenn ein paar Gläser auf dem Tisch stehen, sondern die ganze Gläserkollektion, die sich in Ihrer Schrankwand, Vitrine oder Hausbar befindet. Kennen Sie den folgenden Musikantentrick? Ein Geiger spielt in unmittelbarer Nähe eines Weinglases einen ganz bestimmten Ton, dieser Ton schwillt plötzlich an und … das Glas zerspringt. Das ist keine Zauberei, sondern einfach eine Resonanzerscheinung. Der sehr reine Ton, den ein Glas erzeugen kann, bewirkt natürlich auch eine ganz bestimmte Tonhöhe der Resonanz. Bei diesem von außen einwirkenden Ton schwingt das Glas also mit, verstärkt diesen Ton (und geht dabei im genannten Fall kaputt). Durchaus kann's sein, daß die Gläser in Ihrer Bar ebenfalls bei bestimmten Frequenzen, die in der Lautsprechermusik erklingen, mitschwingen und unangenehme Klangspitzen verursachen, deren Grund oft nicht erkannt wird. Weil der Schall auf die Gläser sehr oft über das Möbelstück als Körperschall übertragen wird, genügt es meist, den Gläsern eine schalldämpfende Unterlage zu geben, vielleicht auch wieder ein Erbstück von Omi in Form eines Filetdeckchens, was Sie natürlich keinesfalls zu hindern braucht, Ähnliches als Handarbeit selbst zu fertigen. Manchmal berücksichtigen die Möbelhersteller selbst schon solches und versehen Einrichtungsgegenstände mit filzüberzogenen Gläser-Aufhängevorrichtungen. Sollte das alles nicht helfen, drehen Sie Ihre Trinkpokale einfach um, denn kopfstehend können sie nicht mehr mitschwingen. Sehen Sie, auf Prost, Na starowje oder Skål brauchen Sie dieserhalb nicht zu verzichten. Klirrende Störobjekte kann es natürlich noch weiterhin geben, aber die finden Sie meist unschwer selbst heraus, es können Türverschlüsse, Schreibutensilien u. a. m. sein.

Wenn wir uns nun schon einmal über den Raum und seine Einrichtung unterhalten, wollen wir eine Lautsprecherangelegenheit vorwegnehmen: die Aufstellung. Wobei ich voraussetze, daß hier Varianten möglich sind,

denn bei Rundfunkgeräten mit *eingebautem* Lautsprecher kommen meist nur ganz wenige Möglichkeiten in die Diskussion, und so ist zum Beispiel die vorgesehene Nische in der Schrankwand oft klanglich keineswegs die beste Lösung. Aber alle moderneren Geräte ab der Mittelklasse, die für stationären Betrieb vorgesehen sind, verfügen über getrennte Lautsprecher, was bei Stereoanlagen beinahe eine akustische Notwendigkeit bedeutet. Der oder die Lautsprecher sollten möglichst so stehen, daß sie in Kopfhöhe des Zuhörers angebracht sind und die Hauptabstrahlrichtung, also die Senkrechte, auf die Vorderfront, auf den Hörer weist.

Nicht immer geht das mit der Kopfhöhe einzurichten, doch braucht natürlich höheres Anbringen der Lautsprecher nun nicht gleich jeden Musikgenuß zu vernichten. Ich habe selbst eine Anlage kennengelernt, bei der sich die Lautsprecher in der Zimmerdecke befinden, und der Klangeindruck ist, wenn auch etwas ungewohnt, doch sehr ansprechend. Anders beim ebenerdigen Aufstellen, denn dann besteht die Wahrscheinlichkeit, daß Möbelstücke oder andere Gegenstände zwischen Lautsprecher und Hörer klangstörend wirken, ganz besonders bei Stereoanlagen. Die beiden Stereolautsprecher sollen, das gilt beinahe schon als Binsenwahrheit, gemeinsam mit dem Kopf des Zuhörers die Eckpunkte eines etwa gleichschenkligen Dreiecks bilden. Wie das Schema Seite 39 zeigt, schließt die Fläche, in der ein Stereoeffekt wirksam wird, einen Winkel von maximal 45° ein, dessen Spitze auf der Mitte der Linie Lautsprecher – Lautsprecher (Basis) steht.

Befindet sich der Hörer sehr dicht an dieser Basis, wird der Stereoeffekt zwar im ganzen stärker, aber nur in einem engbegrenzten Raum (d. h. etwa dort, wo in der Skizze das α steht); mehrere Anwesende müssen also weiteren Abstand halten, sollen alle in den Genuß stereofonischen Hörens kommen. In größerer Entfernung nimmt die Stereowirkung allgemein ab, also bei einem spitzeren Winkel der Hörrichtung zur Basis, wobei dann allerdings der obengenannte Winkel α etwas größer werden kann. Korrekt handelt es sich bei den stereoraumbegrenzenden Linien nicht um einen Winkel, sondern mehr um Kurven in Form eines Querschnitts durch eine Trompete.

Über den Qualitätssprung von einer Mono- zur Stereowiedergabe ist schon vieles bekannt, so daß ich mich hier beschränken kann. Die Lokalisierungsmöglichkeit macht die Musikübertragung derart durchsichtig, daß man nicht nur einzelne Instrumente oder Solisten akustisch zu orten vermag, sondern natürlich auch jede Bewegung einer Schallquelle empfindet, ob es sich nun um das Vorbeiziehen eines Chores handelt, wie zum Beispiel in manchen Opern, oder einen Musicalstar, der quer über die Bühne steppt. Heute lassen sich ja sogar manche ältere Monoaufnahmen stereofonisch umsetzen und so verblüffende Wirkungen erzielen, wie viele Schallplatten beweisen. Reine Monoaufnahmen hört man auch bei Stereoschaltung der Anlage stets so, als käme der Ton aus der Mitte der Lautsprecherbasis; aber das wissen Sie ja schon. Falls der Ton, der eigentlich in der Mitte sein soll, nach rechts oder links verschoben erscheint, kann man ihn mit Hilfe des *Balancereglers*, den gibt es in irgendeiner Form an jedem Stereogerät, an die richtige Stelle bringen. An dieser Stelle wollen wir vorerst das Raumproblem verlassen. Auf die besonderen Bedingungen, die etwa Klubräume, Ferienlager usw. fordern, gehe ich am Ende dieses Kapitels noch ein.

Kommen wir nun zu den Geräten selbst. Als Grundstock kann man, obwohl es sich primär weder um Platte noch Tonband oder Kassette handelt, das Rundfunkgerät ansehen. Einmal gehört Rundfunkhören auf jeden Fall mit zum Tonhobby, zum anderen sind Bandgerät und Recorder allein nur bedingt von Wert.

Über sogenannte Radiorecorder sprechen wir später noch. Der Empfänger war bei früheren Anlagen bis weit in die 6oer Jahre hinein oft *das* Prunkstück, ein repräsentatives Möbel, vielleicht sogar eine Musiktruhe von wuchtigem Großformat, was übrigens die gute Tonwiedergabe förderte. Denn eben dieses Großformat gestattete bei dem immer eingebauten Lautsprecher eine relativ günstige Schallabstrahlung. Oft befanden sich, kurz ehe der Stereorundfunk eingeführt wurde, seitlich noch zwei Zusatzlautsprecher, mit deren Hilfe durch eine sogenannte gegenphasige Anschaltung ein Raumeffekt erzielt wurde – 3-D-Klang genannt –, der aber mit Stereofonie überhaupt nichts zu tun hatte, im Gegenteil: diese Tonabstrahlung verhinderte das Hören des Tons aus Lautsprecherrichtung und erweckte den Eindruck, der Ton käme von allen Seiten, aus dem gesamten Raum, wobei alles aus allen Richtungen erschallte. Nebenbei, das kann bei falscher Zusammenschaltung auch bei modernen Stereoanlagen passieren, darüber sage ich später noch etwas. Sicher, in manchen Fällen mag mancher solcherart Hören als angenehm empfunden haben. Doch nur kurze Zeit wurden diese Geräte gebaut und dann von den echten Stereoempfängern abgelöst. Sprach ich eben vom Grundstock Rundfunkgerät, so hege ich dabei einen weiteren Gedanken. Selbst im Fall, daß Sie nur über weitere Mono-Zusatzgeräte verfügen, sollten Sie sich für Ihre Anlage einen Stereoempfänger zulegen, denn Sie können wohl von einem Stereoradio Aufnahmen in Mono machen, aber ein Monoempfänger ist eben für jegliche Stereoübertragung ungeeignet. Bedenken Sie auch, daß es heute fast ausnahmslos nur noch Stereoschallplatten gibt: schade, sie nur monofon hören zu können. Aber so weit sind wir noch nicht; zurück zum Rundfunkgerät. Sollten Sie noch ein uraltes röhrenbestücktes Dampfradio haben, verwenden Sie es eventuell als Zweitgerät in Ihrer Datsche oder Hobbyräumlichkeit, wenn Sie sich gar nicht davon trennen können. Den Ansprüchen einer modernen Tonhobbyanlage wird's bestimmt nicht mehr gerecht.

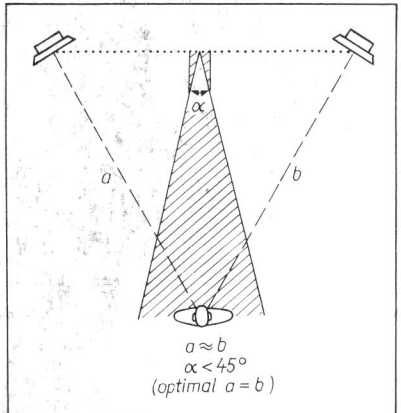

Anordnung der Lautsprecher zum Zuhörer bei Stereoübertragung. Im schraffierten Bereich ist der Stereoeffekt am stärksten wirksam.

Über Räume, Geräte und alles das   39

Ob Sie sich nun für einen *Tuner* mit zusätzlichem Verstärker entscheiden sollen oder für ein *Steuergerät* (manchmal auch Receiver genannt), in dem Rundfunk- und Verstärkerteil zusammengebaut sind, ist schwer zu raten. Bei den letztgenannten gibt es schon recht preiswerte Geräte, die im allgemeinen weniger Bedienkomfort und manchmal auch geringere Empfangsempfindlichkeit aufweisen als gute Tuner. Beachten Sie aber auf alle Fälle, daß ein solcher Apparat über Anschlußmöglichkeiten für einen Kopfhörer verfügt, möglichst an der Frontseite (bei neueren Geräten wird das immer der Fall sein), und möglichst über getrennte Anschlüsse für Plattenspieler sowie Bandgerät. Leider hat es eine gewisse Tradition, daß sich die Anschlüsse für Zusatzgeräte an der Rückseite der Empfänger befinden. Natürlich lassen sich dadurch Verbindungskabel recht unauffällig unterbringen, aber ein Wechsel der angeschlossenen Apparate führt dabei oft zu einer umständlichen Fummelei, zumindest, wenn das Radio in einem Regal oder einer Schrankwand steht. Neuerdings finden sich deshalb nur noch diejenigen Anschlüsse hinten, die praktisch immer gleich beschaltet bleiben, wie Lautsprecher- und Fonobuchsen, die nur zeitweilig verwendeten Steckvorrichtungen (für Zusatzbandgerät⟨e⟩, Kopfhörer) jedoch vorn, damit das Anklemmen keine Mühe bereitet. Zum Übertragen in Hifi-Qualität reichen fürs Wohnzimmer auch preiswertere Steuergeräte fast stets aus. Der Bedienkomfort reicht bei den anspruchsvolleren Apparaturen von der automatischen Scharfabstimmung bei UKW, mit AFC (= automatic frequency control) bezeichnet, über Senderstärkeanzeige, automatische Umschaltung auf Stereo, sobald ein Sereosignal empfangen wird, vorwählbare Tipptasten-Stationsumschaltung bis zu Zeitvorwahl für den Empfang bestimmter Programme. An einige Geräte lassen sich außerdem noch zwei zusätzliche schwächere Lautsprecher anschließen. Sie finden rechts und links *hinter* dem Zuhörer ihren Platz und ergeben einen sehr voluminösen Klang in der Tiefenausdehnung, der sich einem quadrofonen Eindruck nähert.

Haben Sie sich nun für einen reinen Rundfunkempfangsteil entschlossen, verteilt sich die Bedienung teilweise auf den Tuner und teilweise auf den nachfolgenden Verstärker. Man sollte sich merken, daß der Tunerteil mit seiner Arbeit dort aufhört, wo im elektrischen Signalweg der Anschluß für Bandaufnahmen liegt. Alles weitere, wie Klangbeeinflussung, Lautstärkeregelung, Betriebsartenumschalter für Tuner, Platte und Kassette, gegebenenfalls Mikrofon und Mischmöglichkeiten verschiedener Tonquellen, werden dem Verstärker zugeordnet. Nur aus praktischen Gründen wird im allgemeinen das Rundfunksignal für das Aufnehmen auf Bandgerät oder Recorder zunächst dem Verstärker zugeleitet und dort abgenommen, dann braucht man nur eine Buchse zur Aufnahme und Wiedergabe, theoretisch könnte sich die Abnahmestelle auch am Tuner befinden. Der Grund, nur einen Tuner anzuschaffen, kann auch vorliegen, wenn der Plattenspieler bereits einen Verstärker hat, an den sich ein Rundfunkteil anschließen läßt, wie wir sie im Handel häufig finden.

Alles, was ich im folgenden über den Verstärker sage, liegt also möglicherweise auch im Steuergerät beziehungsweise in der Phonoanlage, beachten Sie das bitte. Gegenüber alten Röhrenradios bieten moderne Verstärker eine geradezu enorme Ausgangsleistung: 40, ja selbst 70 Watt sind keine Seltenheit. Nun mag das vielen nicht sehr viel sagen, darum eine kleine Erläuterung. (Wenn die Leistung Ihres Gerätes statt in Watt in VA = Voltampere angegeben wird, bedeutet das in diesem Zusammenhang das gleiche.)

Die Lautstärke mißt man bekanntlich in phon, wobei ungefähr 10 phon mehr oder weniger dem doppelten beziehungsweise halben Lautstärkeempfinden entsprechen. Die Skala reicht von 0 phon ≙ absoluter Stille bis zum Superkrach von 130 phon, der bereits Schmerz erzeugt. Sehen Sie sich dazu bitte die Tabelle 5 im letzten Abschnitt an. Im Bereich von 1000 Hz stimmen die Phonzahlen mit der ebenso häufig gebrauchten Einheit Dezibel (dB) überein. Teilweise benutzt man auch noch die Bezeichnung Neper (Np), wobei 1 Np = 8,686 dB ist. Eine Lautstärke von 50 phon entspricht einer angenehmen Wiedergabe im Zimmer. Sie wirkt normalerweise auch nicht störend auf die Nachbarn, da Wohnungswände mindestens 50 phon dämpfen sollen. Logischerweise handelt es sich bei dieser Phonzahl um einen Mittelwert, denn die Dynamik einer Übertragung schwankt rund um ±20 phon bei temperamentvoller Musik. Und für diese Lautstärke bedarf es einer Ausgangsleistung des Verstärkers von weniger als 1 W! Selbst für die härtestgesottenen Phonfans, für die 100 phon noch nicht laut genug sind, reichen unter den angeführten Wohnzimmerverhältnissen 2 W vollauf. Wozu also die hohen Ausgangsleistungen besonders der modernen Hifi-Verstärker? Die Antwort ist recht einfach. Nutzt man einen Verstärker bis in die Nähe der Leistungsgrenze aus, steigen die Verzerrungen, die der Fachmann als Klirrfaktor bezeichnet, rapide an. Für eine befriedigende Übertragung soll der Anteil der störenden Klangteile nicht mehr als 5 % betragen. Hifi fordert weniger als 2 %, und ab 10 % wird's unerträglich. Bedenken wir dabei, daß ja in der gesamten Übertragungskette von der Aufrahme bis zur Wiedergabe in jedem Gerät gewisse unvermeidbare Verzerrungen entstehen, die sich alle summieren. So ist es eigentlich selbstverständlich, daß für einen minimalen Klirrfaktor in jedem Übertragungsteil gesorgt werden muß. Zur Zeit der Verstärkerröhren war ein Kompromiß unumgänglich, denn damals erforderten größere Leistungen recht erheblichen Material- und Schaltungsaufwand. Ein älterer 25-Watt-Normverstärker hatte immerhin mit Gehäuse eine Massse von mehr als 15 kg.

Neue Anlagen fürs Heim mit einer Ausgangsleistung bis 50 (!) Watt könnten sogar einen mittleren Saal ausreichend beschallen, und ihre Masse beträgt mit wenigen Kilogramm nur einen Bruchteil, wobei manchmal sogar ein 4-Wellenbereichs-Empfänger gleich darin enthalten ist. Eine solche Anlage, nur in Zimmerlautstärke ausgesteuert, ergibt einen Klirrfaktor weit unter 1 %: Hifi-Qualität.

Was ist nun an der Ausstattung eines Verstärkers noch wichtig? Beim Lautstärkeregler sagt die Bezeichnung schon aus, welche Funktion er hat. *Gehörrichtige* Lautstärkeregler findet man bei einigen Geräten der niedrigeren Preisklasse. Da nämlich unser Gehör bei kleinen Lautstärken für hohe Töne empfindlicher ist als für die Tiefen, erfolgt bei diesen Reglern beim Drosseln der Lautstärke eine stärkere Reduzierung der Höhen (man sagt: die Bässe werden angehoben). Hieraus ergibt sich auch bei leiser Wiedergabe ein natürlicher Klang. Diese gehörrichtige Regelung kann man gegebenenfalls abschalten, eine Variation der Wirkung ist nicht mög-

lich. Klangregler lassen das zu. Früher gab es nur sogenannte Klangblenden zum Dämpfen der Höhenwiedergabe, womit man das Senderrauschen auf Kurz-, Mittel- und Langwelle mindern konnte. Außerdem hatten die Hörer es früher im allgemeinen gern, wenn die tiefen Töne ordentlich brummten. Heute gibt es zwei Klangregler, mit denen sich Bässe und Diskant wahlweise nach Geschmack einstellen lassen.

Spitzengeräte besitzen einen sogenannten Equalizer. Er hat seinen Vorgänger im Klangregister. Hierbei ließen sich durch Tastendruck bestimmte Frequenzbereiche betonen oder zurückhalten. Sie waren nicht konkret angegeben, sondern mit Begriffen wie Sprache, Solo, Jazz, Orchester u. a. bezeichnet. Dabei gibt's aber nur ein Ja oder ein Nein, mit anderen Worten, ein bestimmter, feststehender Klangcharakter war entweder ein- oder ausgeschaltet. Der Equalizer läßt jedoch ein individuelles, kontinuierliches Anheben oder Absenken relativ engbegrenzter Frequenzbereiche zu. Das ermöglicht zum Beispiel, einen Klangcharakter einem bestimmten Raum optimal anzupassen, Rauschminderung ganz bestimmter Stärke zu erzielen und vieles andere. Im allgemeinen sind 4...5 übersichtliche Schieberegler angebracht, die in Mittelstellung (= Nullstellung) wirkungslos bleiben. Wie gesagt, handelt es sich um engbegrenzte Frequenzbereiche, beispielsweise bei 60, 250, 1 000, 4 000 und 10 000 Hz. Das läßt in der Praxis unendlich viele Varianten zu.

Ein Mixer findet sich ebenfalls in manchen Verstärkern. Man kann ihn äußerlich mit dem Equalizer vergleichen. Die Regler des Mixers ersetzen die meist mit Druck- oder Tipptasten betätigte Umschaltung des Verstärkers auf Rundfunk-, Phono- oder Tonbandübertragung. Bei den mit Tasten ausgestatteten Geräten läßt diese Umschaltung auch wieder nur ein Entweder-Oder zu, mit dem Mixer lassen sich jedoch die einzelnen Schallquellen allmählich ein- beziehungsweise ausblenden: Man kann sie mischen. Auch dafür ein ganz einfaches Beispiel. Ein Schallplattenunterhalter, ein Diskjokkey, braucht zu einer Ansage die Musik nicht abzuschalten, er kann sie auch nur zurücknehmen, bis seine Worte verständlich werden.

Bei dem Equalizer ist es technisch notwendig, ihn im

Verstärker fest einzubauen, der Mixer kann gegebenenfalls auch als Einzelgerät vor den Verstärker geschaltet sein. Das hat seinen guten Grund: Man will ja nicht nur bei der Übertragung direkt, wie es oben bei der Disko erwähnt wurde, eine Möglichkeit zum Mischen haben, sondern auch bei der Aufnahme mit dem Bandgerät, und dazu bedarf es vor dem Bandgerät im allgemeinen ja gar keiner Verstärkung. Das ist selbstredend auch der Grund dafür, daß in manches hochwertige Bandgerät ein Mixer eingebaut wird. Einige Verstärker-Spitzentypen haben eine besonders ausgeklügelte Schaltung des Mixers: er arbeitet auch rückwärts. Ein Bandgeräteanschluß ist so eingerichtet, daß an den Aufnahmekontakt das gemischte, aber noch nicht verstärkte Signal gelangt. Dabei wird ermöglicht, den gemischten Schall sowohl auf ein Band als auch auf den angeschlossenen Lautsprecher zu übertragen, ohne daß noch irgendwelche weiteren Zusatzapparaturen Verwendung finden.

Kommen wir nun zum Plattenspieler. Da gibt's so viele Ausführungen, daß ich mich ebenfalls auf Prinzipielles beschränken muß. Der erste Hauptunterschied: Einige Plattenspieler verfügen bereits über eine komplette Verstärkereinrichtung mit dazu gehörigen Lautsprechern. Für eine vielseitige Tonanlage ist das aber gar nicht notwendig, meist sogar störend, es sei denn, an den Verstärker können gleichzeitig noch Tuner und Bandgerät angeschlossen werden. Bei einigen geht das, für uns ist es aber oft zweckmäßig, wenn es sich nur um den Plattenspieler allein handelt. Die genannten Plattenspieleinrichtungen haben natürlich trotzdem ihre volle Daseinsberechtigung, wenn jemand ausschließlich Platten hören möchte. Für die Antriebseinrichtung des Plattentellers gibt es heute allgemein zwei Ausführungen: Bei den einfacheren Typen benutzt man Wechselstrom-Induktionsmotoren, die mit einer konstanten, netzfrequenzabhängigen Drehzahl laufen. Über ein Gummirad- oder Gummiriemengetriebe wird der Plattenteller auf die notwendige Umdrehungszahl von $33\frac{1}{3}$ oder 45 Umdrehungen pro Minute gebracht. Das ist einfach zu konstruieren, hat aber einen kleinen Nachteil: ein Feinregulieren der Drehzahl läßt es nicht zu. Und Hifi wieder fordert geringste Toleranzen der Drehzahlen. Jede zu schnelle Umdrehung läßt die Tonhöhe ansteigen, jede

langsamere sie fallen, und das macht bei rund 3 % Abweichen $\frac{1}{4}$ Tonstufe aus, für musikalische Menschen durchaus vernehmbar. Bei Hifispielern kann die Umdrehungszahl elektronisch sehr fein und genau eingestellt werden, wobei uns das Prinzip an dieser Stelle nicht weiter interessieren soll. Sowohl Plattenspieler für 78 Umdrehungen pro Minute und einer Vorrichtung, diese wählen zu können, als auch solche mit einem mechanischen Fliehkraftregler werden nicht mehr hergestellt, es gibt ja auch keine 78er Normalplatten mehr im Handel. Wer noch eine Sammlung solcher Platten besitzt, hat sicher auch ein älteres Plattenabspielgerät, das derartige Raritäten abzuspielen gestattet. Angeschlossen werden diese Plattenspieler an eine Tonanlage ganz genauso wie moderne. Es ist lediglich zu beachten, daß erstens die Anlage auf mono geschaltet wird, falls der Plattenspielerausgang nicht bereits entsprechend eingerichtet wurde, anderenfalls hören Sie die Platte nur über den linken Lautsprecher, und zweitens muß der Tonabtaster für diese Platten vorgesehen sein. Eine Mikrorillen-Abtastvorrichtung hält das Abspielen von 78er Platten nicht aus und geht entzwei! Da der Verschleiß solcher Plattenantiquitäten ganz bestimmt weitestgehend vermieden werden soll, empfiehlt sich eigentlich der Umschnitt auf Tonband oder Kassette, den wir später noch besprechen, ganz von selbst. Die genaue Kontrolle der Umdrehungszahl des Plattentellers ist sehr einfach. Dazu benutzt man eine Stroboskopscheibe, wie das Bild S. 118. Sie können sie fotokopieren und auf etwa 10 cm Durchmesser rückvergrößern. Beleuchten Sie diese Scheibe mit Wechselstromlicht (Glimmlampe oder leistungsschwache Glühlampe), so stehen die Striche der entsprechenden Umdrehungszahl scheinbar still. Notwendig ist korrektes Einhalten der Drehzahl auf alle Fälle dann, wenn Sie vielleicht einmal jene Spezialplatten abspielen, wo dem Musikstück Ihr Instrument (Geige, Flöte, Klavier usw.) fehlt, das Sie selbst mitspielen. Dabei muß die Tonhöhe selbstverständlich genau stimmen!

Sicherlich ist Ihnen schon aufgefallen, daß der Tonarm Ihres Plattenspielers einen Knick aufweist. Grund: Die Abtastnadel soll für ein optimales Klangbild möglichst radial geführt werden. Ein gerader Arm kann diese Forderung nur an einer Stelle erfüllen und weicht an den anderen Stellen davon ab. Ein geknickter Arm hat aber an zwei Punkten Radialführung, und das Abweichen außerhalb dieser Punkte ist nur geringfügig.

Bei besonders guten Hifi-Plattenspielern umgeht man dieses Problem. Statt an einem Drehpunkt sind die Tonarme in einer Tangentialführung befestigt. Dadurch gleiten sie während des Abspiels von rechts nach links und behalten dabei stets eine korrekte Tangentiallage zur Plattenrille bei. Man nennt diese Geräte deshalb *Tangentialplattenspieler*.

Über die Auflagekraft habe ich an anderer Stelle schon etwas erwähnt. Sie ist zunächst einmal vom Hersteller optimal eingestellt worden, man sollte also daran nichts ändern. Wenn es doch einmal passiert, lassen Sie das genaue Regulieren einen Fachmann ausführen, sonst verschlimmbessern Sie's womöglich. Das kann die Plattenrille völlig zerstören, oder die Nadel hopst immer wieder aus der Rille heraus.

Prinzipiell sind moderne Plattenspieler mit Stereoabtastern ausgestattet, neue Schallplatten werden ebenfalls – von Ausnahmen abgesehen – in Stereoausführung geliefert. Hierbei ist zu bemerken, daß Monoplatten ohne weiteres mit einem Stereoabtaster abgespielt werden dürfen. Stereoplatten dagegen nehmen Monotaster übel, zudem ist die Wiedergabe unbefriedigend. A propos unbefriedigende Wiedergabe. Manchem ist es schon passiert, daß er sich einen teuren Hifi-Plattenspieler kaufte und der Ton beim Abspielen einer Platte keinesfalls die Erwartungen erfüllte. Das liegt meist daran, daß der Plattenspieler ein *magnetisches* Abtastsystem hat. Aus ganz bestimmten Gründen gehört dazu ein Entzerrungs-Schaltungsteil. Das kann sich entweder im Plattenspieler selbst befinden, dann paßt er an alle normalen Verstärkeranschlüsse, oder auch im Verstärker, der Anschluß ist dann für magnetische Abtaster gekennzeichnet.

Wenn die Geräte zu einem *Set* gehören, sind sie von vornherein aufeinander abgestimmt. Im anderen Fall lesen Sie bitte genau die Bedienanleitung durch (übrigens *immer* eine empfehlenswerte Beschäftigung), was sie über die Anschlußmöglichkeit aussagt. Beim Kauf eines Plattenspielers dieser Art ist auch eine Beratung durch den Verkäufer angebracht. Sagen Sie ihm, an welches

Rundfunkgerät oder welchen Verstärkertyp Sie den Spieler anzuschließen gedenken.

Kristalltonabnehmer erreichen nicht ganz die Tonübertragungsqualität der magnetischen. Während bei den magnetischen Tastern die Nadelbewegung eine Tonspannung induktiv erzeugt, nutzt der Kristalltaster, wie schon gesagt, die Eigenschaft bestimmter Kristalle aus, bei der Deformierung – wieder durch die Nadelbewegung verursacht – elektrische Spannungen zu erzeugen. Das ist der sogenannte piezoelektrische Effekt, der in der Elektronik eine große Rolle spielt, wie beispielsweise auch bei Ihrer Quarzuhr. Doch zurück zum Tonabnehmer. Die Kristalltypen lassen sich ohne Zwischenglieder an jeden Verstärker anschließen. Der versehentliche Anschluß an den Verstärkereingang für magnetische Taster ist kein Malheur, kaputt geht nichts, aber auch hier entstehen Verzerrungen, wenn überhaupt eine Übertragung erfolgt. Für Kenner sei's gesagt: Kristalltonabnehmer sind sehr hochohmig, und der niederohmige Magneteingang bewirkt praktisch einen Kurzschluß der Tonspannung. Also wieder: Bedienungsanleitung – siehe oben. Obwohl der magnetische Tonabnehmer eine etwas bessere Tonübertragungsqualität aufweist, erreichen gute Kristalltaster trotzdem durchaus Hifi. Hinweisen möchte ich noch darauf, daß die Kristalle altern können, die Lautstärke läßt dann nach, womöglich unterschiedlich auf beiden Kanälen. Wenn Sie also Ihren Balanceregler relativ weit verstellen müssen, um den erwähnten Mitteneffekt zu erzielen, und hierbei eine auffällige Differenz gegenüber dem Rundfunk-Stereoempfang besteht, ist es meistens Zeit, das Abtastsystem auszutauschen. Das können Sie selber machen, wenn Sie einen Ersatz kaufen. Natürlich denselben Typ, er steht auf dem System drauf. Es gibt auch *keramische* Abtaster. Im Prinzip arbeiten sie wie die Kristalltypen, enthalten aber statt des Kristalls ein Keramikplättchen aus einem Material, das ebenfalls den piezoelektrischen Effekt zeigt. Sein Vorteil: Es altert kaum, und gegen hohe Luftfeuchtigkeit, auf die genannte Kristalle meist sehr negativ reagieren, ist es so gut wie immun.

Typen mit Diamantnadeln sind teurer als mit Saphir. Wissen Sie, wie lang eine Rille auf der vollausgenutzten 30-cm-Langspielplatte ist? Sie ahnen es nicht: rund

500 m! Und über diese Strecke muß die Nadel gleiten. Da bedarf es schon eines sehr strapazierfähigen Materials, um den Verschleiß gering zu halten. Selbst bester Stahl ist nicht zäh genug, oder die Nadel müßte, wie früher beim guten alten Grammophon, nach jeder Plattenseite ausgewechselt werden. Das mutet man heute niemandem mehr zu. Diamant ist das härteste bekannte Material, eine Diamantnadel hält, wie bereits erwähnt, etwa 2000 Betriebsstunden bis zum Unbrauchbarwerden durch. Der Versuch, dann daraus noch ein Schmuckstück für Ihr Schmuckstück anfertigen zu lassen, dürfte allerdings fehlschlagen, handelt es sich doch nur um ein winziges Splitterchen, wovon Sie ein Blick durch eine Lupe sicher überzeugt. Werfen Sie diesen Edelstein also getrost in den Müll. Der Saphir hält bis zu 200 Betriebsstunden aus. Wie gesagt, der Diamant ist teurer, aber in der Endkonsequenz doch vorteilhafter, da seine Standzeit fünfmal größer sein kann. Auch die Nadeln in einem Nadelträger (d. h. ohne elektrisches System) gibt es als Ersatz im Handel, und der Austausch kann ohne große Umstände selbst vorgenommen werden. Falls Sie über die berühmten zwei linken Hände zu klagen haben, führt das natürlich gern ein Fachmann für Sie aus.

Eine Vorrichtung gibt es noch bei einigen Spitzengeräten: eine Feder oder ein Zuggewicht auf der Tonarmlagerung. Sie verhindert den Drang des Tonarms, zur Plattentellermitte gleiten zu wollen, was durch die sogenannte *Skatingkraft* verursacht wird. Das hat nichts mit den Muskeln von Skatbrüdern zu tun, kommt aus dem Englischen (to skate = gleiten) und ist ganz einfach mechanisch-physikalisch bedingt. Dadurch drückt die Nadel etwas stärker auf die Rillenaußen- als die Rilleninnenseite. Im Klang wird dabei der rechte Stereokanal ein wenig lauter, das ließe sich zwar mit dem Balanceregler leicht ausgleichen, aber eine Seite unterliegt bei Nadel und Platte einem etwas größeren Verschleiß. Eine Antiskatingeinrichtung, eben die Feder oder das Gewicht, gleicht diesen Bewegungsdrang des Tonarms aus. Verstellen Sie daran bitte nichts. Mit Ihren Mitteln können Sie keine Neujustierung vornehmen, das müßte schon in einer Werkstatt geschehen.

Jeder Plattenspieler verfügt über automatische Abschaltung, die in Funktion tritt, sobald die Nadel die Auslaufrille erreicht. Darüber hinaus gibt's noch eine Menge Schikanen, die natürlich alle irgendwie bedienungserleichternd wirken, nicht unbedingt nötig, aber recht willkommen sind. Am angenehmsten, weil platten- und nadelschonend, erweist sich ein *Tonarmlift*, der die Nadel zart und weich auf die Platte aufsetzt. Macht man das nämlich von Hand, kann ein etwas unvorsichtiges Aufstuckenlassen die immerhin sehr spröde Nadel beschädigen; oder sie rutscht quer über einige Rillen, verursacht einen heftigen Kratzer, und das wird als periodisches Knacken im Rhythmus der Plattenumdrehung hörbar. Im ungünstigsten Fall springt die Nadel um einen Rillengang zurück, das wirkt sich ganz besonders ungünstig – ganz besonders ungünstig – ganz besonders ungünstig … aus. Meist muß man die Platte dann wegwerfen.

Automatische Tonarmrückführung, Suchvorrichtung bestimmter Stellen, selbständiger Plattenwechsel und noch anderes sind verzichtbare Annehmlichkeiten. A und O eines guten Plattenspielers sind zwei Eigenschaften. Einmal ein einwandfreies Abtastsystem mit einwandfreier Nadel, zum anderen ein tadelloser Gleichlauf des Plattentellers. Geringfügige Schwankungen der Umdrehungsgeschwindigkeit (die man mit der Stroboskopscheibe *nicht* erkennt!) stören bei Tanz- und Unterhaltungsmusik sowie Sprechstücken kaum, machen sich aber bei Klavier- oder Orgelmusik deutlich bemerkbar. Es entsteht eine äußerst unangenehme Frequenzmodulation, die sich als eine Art Jaulen äußert. Verlangen Sie beim Kauf eines Plattenspielers die Vorführung mit einem Orgel- oder einem Klavierkonzert, nehmen Sie am besten eine solche Platte gleich mit und lassen Sie sich nicht vom erstaunten Blick des Verkäufers stören. Er hat meist nur eine Schlager- oder Unterhaltungsmusikplatte zur Probewiedergabe. *Neue* Plattenspieler sind diesbezüglich zwar in Ordnung, anderenfalls könnten Sie sogar Garantieansprüche geltend machen, aber manchmal kauft man ein solches Gerät auch aus zweiter Hand, da sollte man – bei allem Vertrauen – auf eine Kontrolle nicht verzichten.

Fast ideale Kontrolle gestattet eine Stereo-Testplatte, die der Handel preiswert anbietet. Nicht nur, daß Sie damit die Stereo-Verstärkeranlage recht genau einstellen können, es sind auch Teile aufgezeichnet, die eine Kontrolle der Nadelabnutzung und des Gleichlaufs zulassen. Der Kauf einer solchen Platte lohnt immer. Dazu ein Tip: Auf diese Platte in der Mitte eine Stroboskopscheibe aufkleben, dann können Sie gleich die Absolut-Umdrehungsgeschwindigkeit testen, außerdem geht die Stroboskopscheibe nicht so schnell verloren.

Bei einigen preiswerten Plattenspielern soll man nach Benutzen den Drehzahlwähler auf o stellen, anderenfalls bleibt im Getriebe das Gummi-Reibrad angedrückt und kriegt im Laufe der Zeit dort eine Delle. Beim nächsten Betrieb hört man deutlich ein Rumpeln im Plattenspieler, das sich auf die Übertragung auswirken kann.

Beim Plattenspieler besteht als einzigem in der Tonanlage die Forderung nach ganz korrekt waagerechtem Stand. Schon geringfügige Neigung läßt Kräfte am Tonarm entstehen, die zu einseitigem Verschleiß von Nadel und Rille sowie zu Klangverzerrungen führen können.

Noch eine Erscheinung möchte ich erwähnen, die dann auftreten kann, wenn sich Lautsprecher und Plattenspieler im gleichen Möbelstück befinden, zum Beispiel einer Schrankwand. Große Lautstärken beim Abspielen einer Platte bewirken einen starken Körperschall im Möbelmaterial, der auf den Plattenspieler zurückfällt und vom Tonabnehmer nochmals übertragen wird. Erfolg: die Lautsprecher heulen auf. Das ist genauso eine akustische Rückkopplung, wie sie beim Mikrofongebrauch auftreten kann – das kriegen wir später. In diesem Fall ist Abhilfe relativ leicht: Legen Sie unter den Lautsprecher einfach eine dämpfende Schaumstoff- oder Filzplatte. Sollte das bei sehr großen Lautstärken noch nicht genügen (oh weh, Ihre armen Nachbarn!), können Sie den Plattenspieler auf eine gleiche Matte stellen. Bei

den meisten modernen Plattenspielern ist die Platine ohnehin federnd im Gehäuse aufgehängt, um diese und ähnliche Phänomene zu unterbinden oder wenigstens zu mindern.

Vor jedem Abspiel reinigen Sie Nadel und Platte mit einem Antistatiktuch oder – noch besser – einer Antistatikbürste, die es für diesen Zweck gibt, von Staub. Er wirkt wie Schmirgel, und sicher wollen Sie aus Ihrem Plattenspieler keine Schleifmaschine machen. Nehmen Sie aber keinen gewöhnlichen Staublappen, denn durch das Abwischen der Plasteplatte geschieht das gleiche, was Ihnen Ihr Physiklehrer mit Wolltuch und Glasstab vorführte: elektrostatische Aufladung. Danach zieht die Platte Staub begierig an, und Sie erreichen genau das Gegenteil von dem, was Sie eigentlich wollten.

Nun zum Bandgerät. Als die ersten Amateur-Bandgeräte Anfang der 50er Jahre auf den Markt kamen, prophezeite man der Schallplatte den Untergang. Nun, daß es nicht so kam, wissen Sie bereits.

Die ersten Geräte mußten mit einem Rundfunkgerät oder Verstärker zusammengeschaltet werden, um dort die notwendige Aufsprechspannung zu erhalten.

Bei noch älteren Gerättypen war eine zusätzliche Handlöschdrossel notwendig, um die Altaufnahme zu löschen. Solche Handlöschdrosseln sind immer noch praktisch, wenn wir ein Band schnell und restlos löschen wollen, aber nicht unbedingt notwendig. In der weiteren Entwicklung baute die Industrie Kombinationen von Bandgerät und Plattenspieler als Schatullen oder auch als Musikschränke. Davon kam man aber im Laufe der Zeit bei Spulengeräten wieder ab. Heute gibt es Geräte mit zwei oder gar drei Geschwindigkeiten, um zwischen höchster Klangqualität und sparsamstem Bandverbrauch

Lage der Magnetspuren beim Vollspur-, Halb- oder Doppelspur- und Viertel- oder Vierspurband

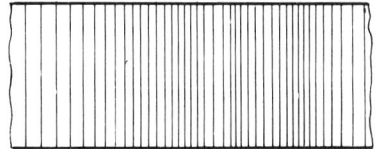
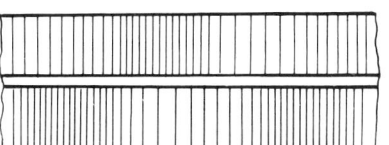
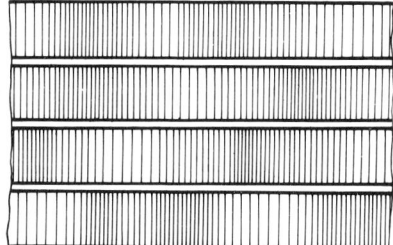

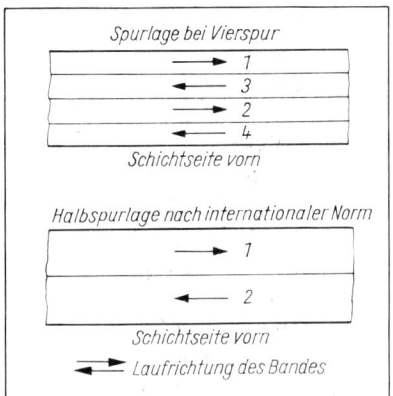

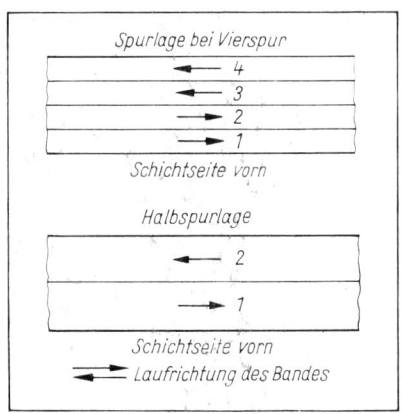

Aufzeichnung der Einzelspuren bei Spulenbändern. Die Reihenfolge wird in anderen Veröffentlichungen auch *1, 2, 3, 4* gezählt, das ist für das Prinzip belanglos.

Aufzeichnung der Einzelspuren bei Kassettenbändern

wählen zu können. Eingebaute Verstärker und Lautsprecher sind zur Selbstverständlichkeit geworden

Gelegentlich finden sich Mixer für mehrere Eingänge eingebaut, automatische Abschaltvorrichtungen bei Bandende oder Bandriß und statt der alten Drehschalter moderne Drucktastenschaltvorrichtungen. Über die Ausstattung unseres Geräts erfahren wir genaue Einzelheiten wieder in der Bedienungsanleitung. Die bei den ersten Heimgeräten übliche Bandlaufgeschwindigkeit von 19,05 cm/s hat inzwischen 9,5 cm/s und 4,75 cm/s (und gegebenenfalls sogar 2,4 cm/s) Platz gemacht. 9,5 cm/s kann heute bei Spulengeräten als Standard für sehr gute Qualität angesehen werden, während 19,05 cm/s nur noch bei Hifi-Spitzengeräten Anwendung findet.

Alle Geräte sind nach internationaler Norm in Doppel- oder Vierspurtechnik ausgelegt. Man spricht auch von Halb- oder Viertelspur, das ist das gleiche. Die Halbspurtypen für den Amateurgebrauch sollten Gelegenheit geben, ähnlich dem Doppel-8-Film der Filmamateure, Band zu sparen und das Band in zwei Richtungen bespielen zu können. Daß damit die Chance des Bandschneidens aufgegeben wurde, einem ganz speziellen Vorteil der Spulengeräte, nahm man in Kauf. Man braucht ein Band ja nur in einer Richtung zu bespielen, dann kann man wieder schneiden. Für Stereo teilte man die Spuren nochmals. Weil man damals das Problem des

Übersprechens noch nicht richtig im Griff hatte (hierbei wirken Nachbarspuren magnetisch etwas auf den falschen Tonkopf, und das wird hörbar), wurden die Spuren verschachtelt. Sie liegen also, wie auch das Bild zeigt, abwechselnd für Vorlauf und Rücklauf nebeneinander. Dadurch sind diese Halb- und Viertelspurgeräte auch nur bei einspuriger Monoausnutzung kompatibel, also austauschbar, denn bei Vierfach-Monoaufzeichnungen wird automatisch vom Halbspurgerät die Nachbarspur (rückwärts!) mit abgetastet, gleiches geschieht bei Vierspur-Stereoaufzeichnungen. Auch bei nur in einer Richtung durchgeführten Stereoaufzeichnungen bleibt die Wiedergabe mit Halbspur unbefriedigend, weil man dann nur den linken Kanal hört. Bedauerlich, aber nicht zu ändern, denn die Spurlage wurde international so standardisiert. Soll demnach eine Aufzeichnung mit einem Vierspurgerät auch auf einem Halbspurgerät abhörbar sein, darf nur mono auf der Außenspur aufgenommen werden; wegen der farbigen Umschalttasten nennt man sie auch die gelbe Spur. Umgekehrt lassen sich natürlich Halbspuraufnahmen mit Vierspurgeräten ohne weiteres abspielen, logischerweise handelt es sich in diesen Fällen ausschließlich um Monoaufzeichnungen. Eine Tatsache kann uns damit aussöhnen: Amateur-Halbspurgeräte sind kaum noch in Benutzung, sie sind moralisch lange verschlissen, auch, wenn sie's technisch

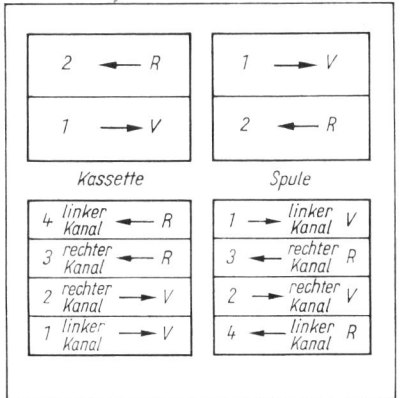

Lage der Stereospuren auf Kassetten- und Spulenbändern, darüber zum Vergleich die Halbspurlage. Bei der Kassette werden von Halbspurgeräten beim Abspielen der Stereobänder die zusammengehörigen Aufzeichnungen erfaßt und als Monosignal wiedergegeben, die Aufzeichnungen sind *kompatibel*. Das Halbspur-Spulengerät dagegen erfaßt eine der Aufzeichnungen rückwärts: *nicht* kompatibel.

noch tun, und sie sollten doch so peu á peu durch ein modernes Vierspurgerät ersetzt werden, zumal Sie ja sicher auch ab und zu Stereoaufnahmen machen wollen.

Ein Tonbandgerät ist ein recht komplizierter Apparat, der sorgfältige Behandlung voraussetzt. Die Hersteller bemühen sich, alles möglichst einfach zu konstruieren, und im Grunde werden nur wenige leichte Bedingungen für einwandfreie Funktion gestellt. Vermeiden Sie laienhafte Basteleien, wenn es Ihr Gerät nicht mehr tut, ordnungsgemäße Reparaturen vermag nur der Fachmann auszuführen. Bedenken Sie auch stets, daß eigenmächtige Eingriffe sofort alle Garantieansprüche erlöschen lassen. Und eine Reparatur am Tonbandgerät kann recht kostspielig sein.

Die Kassettenrecorder haben ihre Vorzüge und Nachteile. Als erstes ist hier zu erwähnen, daß die Recorder äußerst einfach zu bedienen sind. Die Kassetten der in der DDR ausschließlich und in anderen Ländern überwiegend benutzten Recorder sind die K... ...kt-Kassetten, international standardisiert ... ... Tusches... ...tengeräten anderer Herstelle... ... ...and-

laufgeschwindigkeit beträgt einheitlich 4,75 cm/s (genau 4,76). Man sollte meinen, solch ein Gerät sei einfach das Ideal. Aber die Nachteile sollen nicht verschwiegen werden: Die Bandbreite weicht mit ihren 3,81 mm $\cong$ 0,15'' von den Normaltonbändern ab; man kann also Kassettenbänder auf Spulengeräten *nicht* spielen. Abgesehen davon sind die Bänder ja auch nicht aus den Kassetten zu entfernen. Darum lassen sie sich auch nicht ohne weiteres schneiden und kleben. Für den Amateur aber, der in jeder Weise selbst gestalten will, ist diese Möglichkeit unerläßlich. Da man für andere Geräte abspielbare Bänder von Kassettenaufnahmen nur durch Überspielen (*Umschnitt*) erhalten kann, befriedigt dann die Wiedergabe meist nicht allzusehr; die eingebauten Lautsprecher können, bedingt durch ihre Größe, keinen idealen Klang haben. Zusatzgeräte, zu denen natürlich auch ein Lautsprecher besserer Qualität gehören kann, machen andererseits den Vorteil geringen Gewichts und großer Handlichkeit kleiner Recorder wieder zunichte. Sie sind einfach zu bedienen und gut zu transportieren, man kann sie auch einmal zu Freunden und Bekannten mitnehmen. So ist das Kassettengerät sicher stets willkommen, wenn man tanzen möchte. Nicht zuletzt kann man bei derartigen Vorhaben sogar auf die eigene Aufnahme verzichten, da der Schallplattenhandel bespielte Kassetten mit Tanz- und Unterhaltungsmusik anbietet, die nur ganz wenig mehr kosten als unbespielte. Im übrigen ist es möglich, diese Kassetten auch wieder neu

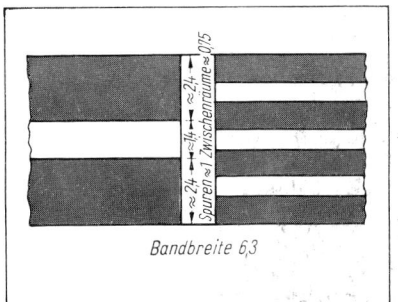

Spur- und Bandbreiten bei Spulenbändern. Ältere Bänder sind 6,25 mm, neuere 6,3 mm breit. Die früheren 1/4''-Bänder (= 6,35 mm breit) werden nicht mehr verwendet.

zu bespielen, falls die Musik keinen Beifall mehr findet. Häufig gibt es auch Radiorecorder, Rundfunkgeräte, die mit einem Recorder zusammengebaut sind, bei denen beide Geräte eine organische Einheit bilden, außerdem Recorder mit fest eingebautem Mikrofon. Schon bei der Anschaffung sollte man erwägen, ob eine derartige Bequemlichkeit später nicht eventuell negative Auswirkungen auf die Anwendungsmöglichkeiten haben könnte, falls kein Außenmikrofon angeschlossen werden kann. Meist ist das jedoch ohne weiteres möglich. Die Anforderungen bestimmt auch hier die Praxis.

Normalerweise sind die Kassetten dafür vorgesehen, daß man Neuaufnahmen macht. Unter Umständen möchte man, bei wertvollen Aufnahmen, aber auch unbeabsichtigtes Löschen verhindern: An der hinteren Schmalseite befinden sich zwei kleine Zungen, von denen jede zu einer Laufrichtung gehört. Bricht man diese Zungen heraus, so entsteht ein Loch. Im Recorder befindet sich ein Fühlhebel, der beim Einlegen einer Kassette normalerweise gegen eine der Zungen drückt. Fehlt die Zunge, dringt der Hebel ein kleines Stück in die Kassette ein. Dabei blockiert er die Aufnahmetaste: Eine Neuaufnahme ist somit nicht möglich. Soll die Kassette trotzdem neu bespielt werden, kleben wir ein Stück Folienband über das Loch. Der Fühlhebel kann nun nicht mehr eindringen, die Aufnahmetaste blockiert nicht, und einer Neuaufnahme steht nichts mehr im Wege. Beachten Sie aber folgendes: Aus mechanischen Gründen muß der Kassettenraum die Kassette sehr genau und mit ganz wenig Spiel aufnehmen. Darum darf man auch nur dünnes Folienband und kein Heftpflaster, Isolierband o.ä. benutzen. Keinesfalls darf die Kassette im Recorder klemmen oder gar mit Gewalt hineingedrückt werden, dann gibt es bestimmt Laufschwierigkeiten, wenn nicht ein größerer Schaden entsteht.

Im Grunde ist es müßig, das Für und Wider der Recorder gegeneinander abwägen zu wollen, denn wie bei vielen anderen Geräten kann gerade der Nachteil, den der eine empfindet, für den anderen einen Vorteil bedeuten. Die einfache Bedienung und geringe Masse erlauben es zum Beispiel, einen kleinen Kassettenrecorder ohne große Belastung mitzunehmen, sogar auf eine Wanderung – natürlich nicht, um die Stille der Natur

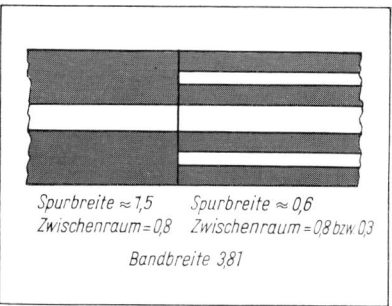

Spurbreite ≈ 1,5   Spurbreite ≈ 0,6
Zwischenraum = 0,8   Zwischenraum = 0,8 bzw. 0,3
Bandbreite 3,81

Spur- und Bandbreiten bei Kassettenbändern

durch Beatbeschallung auszufüllen – sondern beispielsweise, um Tierstimmen aufzunehmen. Die meist für die Aufnahme vorhandene automatische Lautstärkeregelung, auch als *ALC* bezeichnet, gestattet es, akustische Notizen zu machen, ohne die Aussteuerung beachten zu müssen.

Stationäre Recorder, beispielsweise in Kassettendecks eingebaute, ergänzen den Plattenspieler sehr gut. Manche Musik, die uns interessiert und die gerade im Rundfunk gesendet wird, gibt es auf Platte häufig nicht, mancher liebt Hörspiele, die er gern auf Kassette (oder natürlich auf Spule) aufnehmen will, und nicht zuletzt bietet der Handel ja auch bespielte Kassetten an.

Daß man bezüglich Absolutgeschwindigkeit und Geschwindigkeitsschwanken des Bandes sinngemäß gleiche Forderungen hat wie beim Plattenspieler, versteht sich von selbst. Das Feststellen der Absolutgeschwindigkeit ist ein wenig komplizierter als mit der Stroboskopscheibe beim Plattenspieler, aber trotzdem auch dem Laien möglich.

Man macht einen *Count-down*, läßt also das Band laufen und bespricht es rückwärtszählend. Im Augenblick »Null« klatscht man gleichzeitig mit einem Lineal oder etwas ähnlichem auf den Tisch (es muß also einen Knall geben) und startet eine Stoppuhr. Nach 95 s zählt man wieder – nur zum Erkennen der Stelle – und haut bei genau 100 s wieder auf den Tisch; spulen Sie zurück und stoppen Sie das Band genau beim ersten Knall, an dieser Stelle erfolg... ...ne Markierung mit einem Faserschreiber, eine... ...rich oder ähnlichem. Nun lassen Sie weiterlaufen, stoppen beim zweiten Knall und markieren abermals. Zwischen den beiden Markierungen muß sich nun genau das Hundertfache der Bandgeschwindigkeitsangabe an Band befinden, bei 9,5 cm/s (genau 9,525) also 9,52 m. Messen Sie mit einem Stahlbandmaß nach. Beim Recorder sind es 4,76 m. Das Messen ist hierbei schwieriger, denn das Band muß ja auf diese Länge aus der Kassette gezogen werden. Mit Hilfe eines eckigen Bleistifts oder etwas Ähnlichem läßt sich das Band wieder in sein Gehäuse zurückführen. Man dreht mit dem Stift die entsprechende Aufwickelseite, bis das Band wieder in der Kassette verschwunden ist. Plus/Minus 9,53 cm beziehungsweise 4,76 cm Differenz bedeuten eine Abweichung von je 1%. Am besten, Sie probieren das zweimal oder dreimal und berechnen den Durchschnitt, weil sich doch immer ein kleiner subjektiver Fehler einschleichen kann. Doch auf weniger als 0,5 % genau läßt sich so eine Abweichung gut feststellen. Theoretisch würden auch 10 s genügen, aber dabei steigt die Unsicherheit, 9,53 mm oder gar 4,76 mm sind kaum ausreichend genau zu messen.

Abweichung von 1,5 % entspricht weniger als ¼ musikalischer Tonstufe. Das ist gerade noch zulässig und ohne Vergleichston, also zum Beispiel beim Abhören einer industriell aufgezeichneten Kassette, selbst von sehr musikalischen Menschen kaum wahrzunehmen.

Geschwindigkeitsschwankungen hingegen lassen sich, wie bei der Platte, als Jaulen vernehmen. Allerdings können schlagende Tonrollen auch sehr schnelle Schwankungen verursachen, die sich nicht durch Jaulen, sondern in einer gewissen Rauhigkeit des Tons bemerkbar machen; es klingt dann alles wie heiser. Zur Beseitigung solcher Mängel bedarf es auf jeden Fall einer Werkstatt.

In den oberen Güteklassen der Bandgeräte wird die Geschwindigkeit elektronisch geregelt, und zwar auf weniger als 0,2 % Toleranz (Hifi-Forderung). Das verhindert gleichzeitig Abweichungen *und* Schwankungen, erfüllt damit also höchste Ansprüche. Man müßte schon ein musikalisches Gehör haben, um das einen Mozart beneidet hätte, wollte man 0,2 % Unterschied heraushören.

Früher waren die Bandgeräte auf verschiedene Bandtypen abgestimmt, unter Umständen war es deshalb bei

der Aufnahme notwendig, beim Verwenden eines anderen Bandtyps die Vormagnetisierung zu verstellen, um saubere Aufzeichnungen zu bekommen. Das konnte aber nur eine Werkstatt fachgemäß ausführen. Diesen Trödel haben wir jetzt nicht mehr – alle derzeit gelieferten Bänder passen auf alle modernen Geräte und ergeben unverzerrte Aufnahmen. Trotzdem sollte man Bänder unterschiedlicher Bezeichnung nicht wahllos zusammenkleben, weil gewisse Differenzen der Klangqualität in der Höhenwiedergabe und im Rauschverhalten hörbar werden können.

Alle Bänder werden jetzt auf einer Polyesterunterlage hergestellt und nicht mehr, wie früher, auf Acetylcellulosebasis. Das bewirkt eine äußerst hohe mechanische Reißfestigkeit und erlaubt, die Bänder auch sehr dünn zu halten, es gibt sie in vier Dicken:

Normalband	50 µm dick,	extrem strapazierfähig
Langspielband	35 µm dick,	sehr strapazierfähig
Doppelspielband	25 µm dick,	gut haltbar
Dreifachspielband	18 µm dick,	gut haltbar, etwas knick-empfindlich

Die Bezeichnungen beziehen sich auf das Fassungsvermögen gleicher Spulen, die es im Durchmesser von 8, 10, 13, 15, 18 und gegebenenfalls 22 cm gibt; das absolute Fassungsvermögen finden Sie auf Tabelle 2 im letzten Abschnitt.

Bei 9,53 cm/s Bandlaufgeschwindigkeit braucht man für eine Stunde eine Bandlänge von 342 m oder, umgekehrt gerechnet, 730 m Band gestatten eine ununterbrochene Aufnahmezeit von 2 Stunden und 8 Minuten. Ich

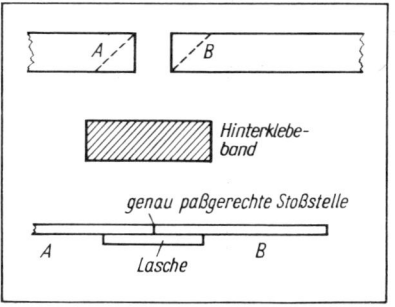

Kleben eines Tonbandes

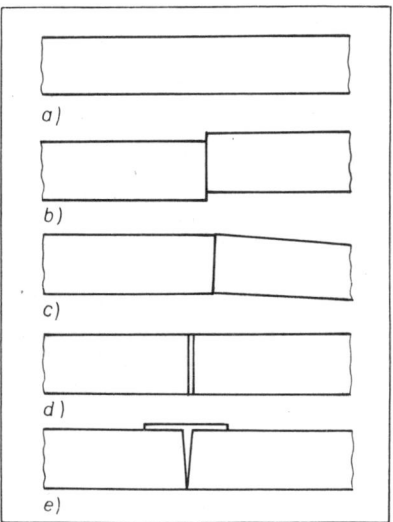

Fehler beim Kleben eines Tonbandes

a einwandfreie Klebestelle

b Klebestelle versetzt; Band kann reißen oder aus der Bandführung springen

c schiefe Klbstelle; Band kann aus der Bandführung gleiten. Sie ergibt außerdem einen unordentlichen Wickel, der bei der Kassette unter Umständen den Bandlauf blockiert.

d Bandstoß zeigt eine Lücke; das Stückchen freiliegende Klebemasse verschmiert den Tonkopf und hält außerdem Staubteilchen fest.

e Schiefer Stoß und überstehendes Klebeband; es treten die gleichen Erscheinungen auf, die unter *b* und *d* genannt sind.

kenne kein Musikstück, das ohne Pause so lange dauert. Ergo: 730 m reichen immer!

Zum Bänderkleben brauchen Sie Hinterklebeband. Die Bandenden werden – im allgemeinen schräg –, sauber so geschnitten, daß sie genau aneinander passen. Dann legt man sie aneinander und verbindet sie auf der Rückseite mit etwa zwei Zentimetern Hinterklebeband. So entsteht eine Verbindung ähnlich einer Eisenbahnschiene mit Lasche. In die kleinen Döschen, in denen der VEB Filmfabrik Wolfen Kenn- und Hinterklebeband liefert, sind Klebelehren sozusagen eingebaut. Die aus Plast gepreßten Unterteile haben eine Nut in Bandbreite. Keinesfalls darf man anstelle des Hinterklebebandes Isolierband, Heftpflaster oder etwas Ähnliches nehmen. Die Klebemasse quetscht sich an der Stoßstelle durch, pappt auf den Tonköpfen fest und ergibt in Verbindung mit Staub und Schmutzteilchen einen kleinen Buckel, der einwandfreie Aufnahme und Wiedergabe verhindert. Auch bei Notlösungen sollte man von solchen Behelfen absehen: Meist vergißt man doch, später eine einwandfreie Klebestelle zu fertigen. Auch Büroklebeband eignet sich nicht, denn es kann sich nach einiger Zeit ablösen.

Apropos einwandfreie Klebestelle: Man darf sie nicht oder zumindest kaum hören, von der Schichtseite her kaum sehen, und sie muß außerdem einen Zug von 25 N sicher aushalten. Die Enden dürfen keinesfalls versetzt sein oder schief laufen.

Und wie sieht es nun bei einer Bandkassette aus? Ursprünglich sind Kassettenbänder nicht zum Kleben vorgesehen; das müssen wir auch bei der Aufnahme beachten. Wir können das Kassettentonband also nicht nachträglich schneiden. Normalerweise sollte es nicht vorkommen – aber manchmal gibt es auch bei einer Kassette Bandsalat. Zwar habe ich es dabei noch nicht erlebt, daß das Band gerissen wäre, weil es sich hier immer um sehr feste Polyesterbänder handelt, doch leider ergibt ein solcher Bandsalat immer ein Stück zerknittertes

Klebelehre auf einem Vorspannbanddöschen. Sie ermöglicht das Herstellen von ganz einwandfreien Klebestellen. Der Stoß ist hier der besseren Erkennbarkeit willen übertrieben breit dargestellt; normalerweise bleibt er fast unsichtbar.

Band, auf dem keine einwandfreien Aufnahmen mehr möglich sind. Fast stets liegt der Fehler am Gerät, kaum an der Kassette. Vorsicht also bei derartigen Erscheinungen, daß uns nicht gleiches bei der nächsten Kassette passiert. Doch wie den Schaden beheben? Hierfür liefert der VEB Filmfabrik Wolfen ein Reparaturset, der alles Notwendige enthält, doch nur für Orwo-Kassettenbänder. Wir schrauben die Kassette auf und sehen uns genau an, welchen Weg das Band durch die Kassette nimmt. Dann schneiden wir ganz vorsichtig das unbrauchbare Bandstück heraus und kleben mit Klebeband die Enden wieder zusammen. Danach wird das Band wieder in die richtige Bahn in der Kassette eingelegt (darum vorher ansehen!) und die Kassette vorsichtig geschlossen. Es sei noch einmal gesagt, daß das Kleben der Kassettenbänder ausschließlich dem Fall vorbehalten bleiben soll, daß wir eine Kassette retten wollen. Wir müssen uns auch davon überzeugen, daß die Klebestelle einwandfrei durchläuft, sonst richten wir mehr Schaden an, als uns eine neue Kassette kosten würde. Selbstverständlich gehen, falls das Band geklebt wurde, sämtliche Garantieansprüche für die Kassette verloren. Sollten Sie auch Kassetten anderer Hersteller haben, müssen Sie selbst überprüfen, ob sich das Reparaturset dafür eignet.

Zu den Kassettenbändern ist nicht viel zu sagen. Sie gibt es in drei Ausführungen und den beiden schon genannten Typen Eisenoxid- und Chromdioxidbänder.

1. Die Kassette 60. Sie gestattet 2 × 30 min Aufnahmezeit und enthält rund 85,5 m Band, 18 µm dick (wie bei Spulenbändern das Tripleband). Man könnte sie als Standardkassette bezeichnen.

2. Die Kassette 90. Die Aufnahmekapazität beträgt 2 × 45 min. Es ist dünner (12 µm) als das dünnste Spulenband und für länger dauernde Aufnahmen gedacht.

3. Die Kassette 120. Es gibt sie in einigen Fabrikaten. Zwar ist die Tonspeicherkapazität mit 2 × 60 min sehr hoch, doch soll nicht verschwiegen werden, daß dieses Band nur 9 µm, also weniger als $1/100$ mm, Dicke mißt. Das bewirkt einmal eine große mechanische Empfindlichkeit, es knittert sehr leicht, und zum anderen transportiert nicht jeder Recorder dieses extrem dünne Band immer einwandfrei.

Eingangs sagte ich schon, daß es der Umschaltung bedarf, wenn man von Eisenoxid- auf Chromdioxidband wechselt und umgekehrt. Ganz moderne Recorder schalten sich automatisch um. Auf der Kassettenhinterseite befinden sich die ausbrechbaren Zungen für die Löschsperre.

Bei den Chromdioxidkassetten sehen Sie neben der Zunge eine weitere Öffnung, die der automatischen Umschaltmöglichkeit dient. Diese darf natürlich *nicht* zugeklebt werden!

Die früher schon einmal erwähnte Möglichkeit, alle Kassetten auf allen Geräten abspielen zu können, muß ich in einem Fall einschränken, der aber nichts mit dem Bandtyp zu tun hat. Um Hifi-Wiedergabequalität zu erzielen, bedient man sich verschiedener Spezialschaltungen, die bei der Aufnahme *und* Wiedergabe wirksam werden. Hierzu gehören zum Beispiel die Dolby- und Exko-Einrichtungen. Hat man die Absicht, ein Band auch einmal auf einem Recorder wiederzugeben, der keine solche Schaltung hat, muß man – unter Verzicht auf höchste Klangqualität –, diese Vorrichtung bereits beim Aufnehmen abschalten, sonst klingt die Wiedergabe entweder sehr spitz, beispielsweise zischen die S-Laute stark, oder sie hat keine ausreichende Dynamik. Auf die Aussteuerungsautomatik, die eine ähnliche Dynamikminderung zur Folge haben kann, komme ich später noch.

Löschsperre bei Kassetten. Bricht man die Zunge heraus, wird das Löschen und Neuaufzeichnung im Recorder verhindert.

Über Räume, Geräte und alles das   51

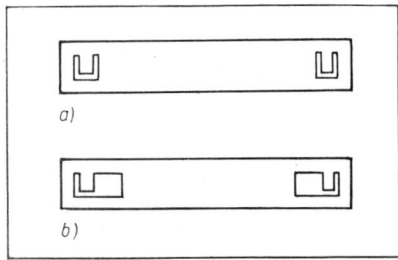

Rückseite einer Kassette
a mit Eisenoxidband
b mit Chromdioxidband
Einige Recorder schalten sich automatisch auf die entsprechende Bandsorte um.

Neben den Aufnahmebandtypen gibt es noch Hilfsbänder in verschiedenen Farben für den Vorspann zur Kennzeichnung der Aufzeichnungen; auch darüber finden Sie im letzten Abschnitt eine Tabelle.

Zum Spulenbandgerät wird ein Stereo-Testband geliefert, das den gleichen Verwendungszweck hat wie die obengenannte Testplatte, und für Recorder gibt's eine Reinigungskassette, mit deren Hilfe man problemlos die Tonköpfe der Geräte reinigen kann.

Das elektrisch leitende Schaltband wird an die Enden von Spulenbändern geklebt, wenn das Bandgerät über eine automatische Abschaltvorrichtung verfügt. Sie sehen, es gibt eine ganze Menge Material, dessen Verwendung uns unser Tonhobby zu vereinfachen vermag. Zum Material kann man auch die Batterien zählen, die neben dem Netzanschluß viele transportable Recorder mit Strom versorgen. Man macht sich leider zu wenig Gedanken darum. Zugegeben, es sind immer standardisierte Zellen, fast immer die Typen R 20, die sogenannten Monozellen, oder R 14, sprich Mignon- oder Babyzellen. Die ganz preiswerten Ausführungen eignen sich immer schlecht, denn die Recorder brauchen für den eingebauten Verstärker und den Motor zusammen relativ viel Strom. Billige Batterien sind dann im Nu verbraucht. Kaufen Sie deshalb das Beste, was der Handel anbietet, Super- oder Alkalielemente. Nehmen Sie bei Reisen, zum Campingaufenthalt usw. immer einige Reservesätze mit. Aufladbare Stromquellen sind wunderschön, doch bedarf es zum Aufladen eines Lichtnetzes, und Sie hatten total vergessen, daß es auf dem Campingplatz gar keine Stromversorgung gibt?!? Sie sollten verbrauchte Stromquellen immer sofort aus dem Gerät entfernen. Sie können sich zersetzen und dabei eine ätzende Brühe bilden, die dem Recorder nicht gerade wohl bekommt. Nach extrem langer Zeit (Winterpause!) können sogar verbrauchte Leak-Proof-Zellen korrodieren – aber so lange werden Sie ja sicher nicht Ihren Recorder ins Abseits stellen.

Über Lautsprecher wurde schon einiges zur Aufstellung gesagt. Für viele ist der Kasten schlicht und einfach ein Requisit, das die Töne von sich zu geben hat. Lautsprecher haben einen langen Entwicklungsweg hinter sich. Trotzdem sind sie oft – ich habe es schon erwähnt – noch heute die schwächsten Glieder in der ganzen elektroakustischen Übertragungskette. Obwohl die modernen Lautsprecher technisch mit denen von vor 40 und mehr Jahren nicht vergleichbar sind, läßt sich eine Hifi-Übertragung mit nur *einem* Lautsprecherchassis nicht erreichen. Wir kennen die *Kompaktboxen.* Ihr Frequenzbereich reicht nach unten bestenfalls bis 100 Hz; sicher ist der Klang nicht schlecht zu nennen, aber es fehlt eben etwas im Baß. Gute *Hifi-Boxen* enthalten wenigstens zwei oder sogar drei Chassis für Hoch-, Mittel- und Tiefton, da hört man die klangliche Fülle eines Orchesters gut; doch diese Boxen kosten oft ebensoviel wie ein Radio der Mittelklasse. Sollten Sie die Absicht haben, Ihre alten Kompaktboxen durch solche Lautsprecher zu ersetzen, beachten Sie bitte zwei Dinge. Das erste ist einfach: Die Ohm-Angabe am Lautsprecherausgang des Verstärkers muß mit der Angabe auf der Rückwand der Box übereinstimmen. Man nennt das Anpassung. Ist am Lautsprecher die Ohmzahl höher, erreichen Sie nicht die volle Lautsprecherleistung und eventuell – noch viel schlimmer – auch nicht die optimale Klangqualität. Genau das Gegenteil wollten Sie doch erreichen. Ist die Angabe dagegen am Lautsprecher niedriger, kann der Verstärker infolge Überlastung entzweigehen. Auch das ist nicht gerade wünschenswert. Die andere Sache erweist sich als etwas umständlicher. Es kann bei preiswerten Verstärkern oder Steuergeräten der Fall sein, daß ein Rest-Netzbrummen auftritt. Weil die üblicherweise verwendeten Kompaktboxen die 50 Hz des Lichtnetzes nur ganz schwach hören lassen, spart man gegebenenfalls eine besonders wirksame Entbrummschaltung ein. Prüfen Sie das am besten mit einem guten Stereokopfhörer; dessen Frequenzwiedergang reicht von weit unter 50 Hz bis in die höchsten Höhen. Ist damit das Brummen deutlich hörbar, lohnt sich Anschaffen von Hifi-Boxen für das vorhandene Gerät keinesfalls, denn die gute Baßwiedergabe wird dann zugleich durch starken Brummton gestört, als stecke die Box voller Schmeißfliegen. Klingt dagegen die Kopfhörerübertragung ganz tadellos, steht im allgemeinen auch der Verwendung von Hifi-Boxen nichts im Wege.

In Einzelfällen kann bei älteren Transistorradios Gleichstrom durch die Lautsprecherspulen fließen, das steht dann in der Bedienungsanleitung. Hierbei ist ein Anschluß von Hifi-Boxen ebenfalls fragwürdig, weil dann die Frequenzverteilung auf die Einzelchassis eventuell gestört wird. Sollte Ihnen das zu kompliziert sein oder sogar unverständlich, fragen Sie am besten einen Fachmann unter Angabe Ihres Gerätetypes, ob Sie die Hifi-Boxen anschließen können, ehe Sie sich in größere Unkosten stürzen.

Sie merken es sofort: Der Klang erreicht damit ein Volumen, wie Sie es sich nicht besser wünschen können. Allerdings – immer wieder diese Einschränkungen! –, bei größeren Lautstärken dürfte Ihr Nachbar unwillig werden. Die Wände dämpfen nämlich die jetzt viel stärker übertragenen tiefen Töne wesentlich schlechter als die hohen, und in der Wohnung nebenan wird sich kaum jemand freuen, das Trommeln eines Schlagzeugers oder das rhythmische Schrum-Schrum des gezupften Kontrabasses immer mithören zu müssen. Eine genußvolle Stereoübertragung fordert allgemein eine etwas größere Lautstärke als einfaches Nachrichtenhören, aber etwas gegenseitiges Entgegenkommen spart häuslichen Streit; *den* wollen Sie mit Ihrem Tonhobby sicher nicht vom Zaune brechen. Doch was tun? Auf das Hobby verzichten? Nun, dafür gibt es Abhilfe. Man kann nämlich auch Stereoaufnahmen vorzüglich mit Kopfhörern abhören. Selbstverständlich nicht mit Hörern aus der Zeit des guten alten Detektorempfängers oder Funkerhörern, sondern mit den schon erwähnten hochwertigen Stereo-

hörern. Viele Stereofreunde behaupten sogar, erst das Hören mit guten Kopfhörern sei der vollendete Genuß. Na bitte! Das stört auch die Nachbarn keinesfalls.

Nur an eins muß man sich dabei erst gewöhnen: Die Hörer haben keine Basis wie die Lautsprecher. Sie liegen direkt am Ohr, und weil sie auch keinen Winkel zum Hörer bilden, ist die Mitte so zu hören, als entstände der Ton im eigenen Kopf. Anders läßt sich die Mitte nicht lokalisieren. Außerdem dreht sich der Konzertsaal scheinbar mit, sobald man den Kopf bewegt. Doch an diese Eigenheiten gewöhnt man sich sehr schnell. Außerdem hört es sich am bequemsten in entspannter Haltung im Sessel oder liegend, dabei pflegt man den Kopf ja auch still zu halten.

An den modernen Stereokopfhörern befinden sich die standardisierten »Eurostecker«, fünfpolige Stecker, die in die zugehörigen Buchsen am Rundfunkgerät oder Verstärker passen. Hierbei gibt es eine Besonderheit: Man kann beim Hören über die Stereokopfhörer wahlweise die Lautsprecher in Betrieb lassen oder auch abschalten. Im letzteren Fall braucht man den Stecker nur herauszuziehen, um 180° zu drehen und wieder hineinzustecken. Dabei schalten sich die Lautsprecher automatisch ab. Für Geräte, die diese Anschlußart noch nicht haben, bietet der Handel geeignete Adapter an, bei denen ein entsprechender Anschluß möglich ist.

Für die sogenannte kopfbezogene Stereofonie, landläufig als Kunstkopfstereofonie bezeichnet, braucht man um eines guten Stereoeffekts willen *immer* Kopfhörer. Hierbei wird zur Aufnahme ein *Kunstkopf* verwendet. Das ist eine Nachbildung des menschlichen Kopfes, bei der in Ohrhöhe Mikrofone eingebaut sind. Dieser Kunstkopf schafft akustisch die gleichen Verhältnisse, wie sie beim Hören durch die Lage der Ohren und die Kopfform gegeben sind. Eine Lautsprecherwiedergabe wirkt hierbei meist unbefriedigend, weil man ja auf jeden Fall mit jedem Ohr beide Lautsprecher hört. Der Kopfhörer hingegen führt jedem Ohr nur den Schall zu, der auch beim Kunstkopf an dieser Stelle das Mikrofon traf.

Doch zurück zum Lautsprecher. Ich sprach von der Anpassung. Aus schaltungstechnischen Gründen fordern Hifi-Boxen eine sehr genaue Übereinstimmung der

Über Räume, Geräte und alles das 53

Ohm-Werte, anderenfalls gibt's Verzerrungen. Und nun das Bedenkenswerte: Spielte es früher bei den genannten hochohmigen Lautsprechern (die Anpassung betrug zwischen 1000 und 10 000 Ω) gar keine Rolle, wie lang und wie dick die Zuleitung war, kommen wir jetzt bei 4 Ω mit längeren Leitungen ganz schnell in Bereiche des Leitungswiderstandes, der sich im Verhältnis sehr erheblich dem Lautsprecherwiderstand nähert. Zu kompliziert? Dann merken wir uns einfach: Bei Zuleitungen von 20 m oder noch länger sollten wir keinen Basteldraht geringen Querschnitts wählen, weil das zu Leistungsabfall und Verzerrungen führt. Ist es tatsächlich einmal nötig, die Zuleitung zum Lautsprecher erheblich zu verlängern, nehmen wir am besten normales Netzkabel von wenigstens 0,75 mm² Querschnitt ähnlich dem, das sich schon am Lautsprecher befindet (z. B. einfache, zweiadrige Verlängerungsschnur). Für stationäre längere Leitungen in größeren Klubräumen, in einer Aula und ähnlichem eignet sich ganz vorzüglich Koaxial-Antennenkabel. Man kann es sogar unter Putz verlegen, und selbst 50 m und mehr bieten einen so geringen Leitungswiderstand, daß er keinen Einfluß auf die Klangqualität hat. (Lassen Sie sich nicht durch die Angabe 60- bzw. 70-Ohm-Kabel verwirren, sie steht in einem ganz ande-

ren Zusammenhang.) Ganz wichtig ist es, daß die Anschlüsse nicht verpolt werden: Die Lautsprecherstecker lassen sich infolge der unterschiedlichen Kontaktformen nicht falsch in die entsprechenden Dosen stecken. Aber achten Sie bei Verlängerungen unbedingt darauf, daß Sie die beiden Leitungsadern nicht vertauschen. Der Anschluß für den runden Kontakt muß wieder zum runden, der für den flachen wieder zum flachen führen. Sehen Sie sich dazu auch das Bild auf Seite 133 an. Ich erwähnte schon das 3-D-Radio. Genau dieser Effekt tritt ein, wenn Sie die Einzeladern verwechseln: Bei Stereoübertragungen ist Lokalisieren nicht mehr möglich, in jedem Fall scheint der Ton aus allen Richtungen gleichzeitig zu kommen.

Viele moderne Lautsprecher zeigen einen *Technik-Look*, der nicht jedermanns Geschmack sein dürfte. Verkleiden Sie solche Lautsprecher aber bitte nicht mit irgendwelchen Dekorationsstoffen, die Übertragungsqualität wird dadurch gemindert. Gleiches gilt, falls Ihnen die vielleicht vorhandene Lautsprecherbespannung nicht zusagt. Zum Bespannen verwendet der Hersteller Spezialstoffe hoher Schalldurchlässigkeit. Tauschen Sie diese Stoffe gegen einen Stoffrest Ihrer Polstermöbel aus, weil das ja viel besser aussieht, haben Sie vielleicht etwas Positives fürs Auge erzielt, fürs Ohr ist das in jedem Fall negativ, es fehlt an der Tonbrillanz.

Es gibt noch einige Lautsprechertypen, mit denen der Amateur kaum zu tun haben wird. Dazu gehören Großtonsäulen, Druckkammerlautsprecher für Ansagen (nie ausreichend für befriedigende Musikübertragung), Großlautsprecher für Verstärker mit 100-V-Ausgang, sogenannte aktive Lautsprecher, bei denen ein spezieller Verstärker eingebaut ist, und noch viele andere. Sie lassen sich an unsere Amateuranlagen ohnehin nicht ohne weiteres anschließen. Prinzipiell gilt das auch für ältere Zusatzlautsprecher, die an Röhrengeräte angepaßt waren, die genannten hochohmigen Typen. Abgesehen von den ganz anderen Steckern, die könnte man austauschen, ist die Leistung beim Anschluß an niederohmige Ausgänge extrem gering, man hört alles nur ganz, ganz leise. Ob sich's lohnt, den zugehörigen Anpassungstransformator einfach auszubauen, denn der Ohmwert des Chassis allein beträgt etwa 3...6 Ω, halte ich für zwei-

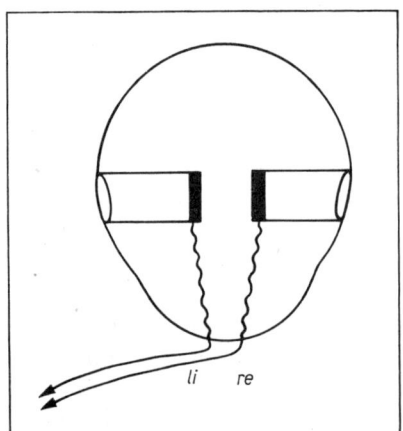

Kunstkopf aus Holz oder Plast. Anstelle der Ohren hat er röhrenförmige Öffnungen, die mit einem Mikrofon abgeschlossen sind und den Schall ähnlich Ohren rechts bzw. links aufnehmen.

felhaft, denn die Übertragungseigenschaften bleiben fast durchweg unter der Qualität, die wir uns wünschen.

Nun wollen wir uns dem Mikrofon zuwenden. Wie erwähnt, hat sich für Amateurzwecke heute das dynamische Mikrofon durchgesetzt. Schon für relativ bescheidene Summen sind recht ordentliche Geräte erhältlich, die fast stets für unsere Zwecke ausreichen, und für allerdings stattlichere Preise Mikrofone, die sich dem Hifi nähern.

Die Vorteile der dynamischen Mikrofone sind so vielfältig, daß die wenigen Nachteile fast keine Rolle mehr spielen. Einmal sind sie sehr robust. Wenn ich Ihnen trotzdem empfehle, solch ein Gerät nicht hinzuwerfen, brauche ich das wohl kaum zu begründen. Dynamische Typen altern nicht, behalten also über praktisch unbegrenzte Zeit ihre Empfindlichkeit (im Gegensatz zu Kristallmikrofonen, die im Laufe der Zeit meist etwas schwerhörig werden). Sie bedürfen keiner zusätzlichen Stromquelle, und ihre Empfindlichkeit reicht selbst für größere Ansprüche im allgemeinen aus.

Und die Nachteile? Eigentlich gibt es nur zwei: Ein dynamisches Mikrofon erreicht nicht ganz die Empfindlichkeit eines Kondensatormikrofons höchster Qualität, dafür ist letzteres aber auch etwa zehnmal teurer. Zum anderen ist es – das liegt in seinem prinzipiellen Aufbau begründet – empfindlich gegen Brummeinstreuungen durch magnetische Wechselfelder. In der Praxis: Stellen wir ein dynamisches Mikrofon auf ein Radio, einen Verstärker oder dergleichen, kann in der Übertragung sehr leicht ein Brummen auftreten, dessen Ursache ein Laie oft nicht zu erkennen vermag. Die Abhilfe ist ganz leicht. Sie brauchen das Mikrofon nur auf 30...75 cm Entfernung zu diesem Gerät bringen, schon ist das Brummen weg. Und daß Sie als Amateur ausgerechnet eine Reportage aus einem Umspannwerk übertragen wollen, ist ja wohl ebenso wahrscheinlich wie Schnee zu Pfingsten in der Wüste Sahara ... Kurzum, das dynamische Mikrofon ist *das* Gerät für den Amateur.

Wie bereits erwähnt, sind heute in manche Recorder spezielle Kondensatormikrofone eingebaut, die keiner

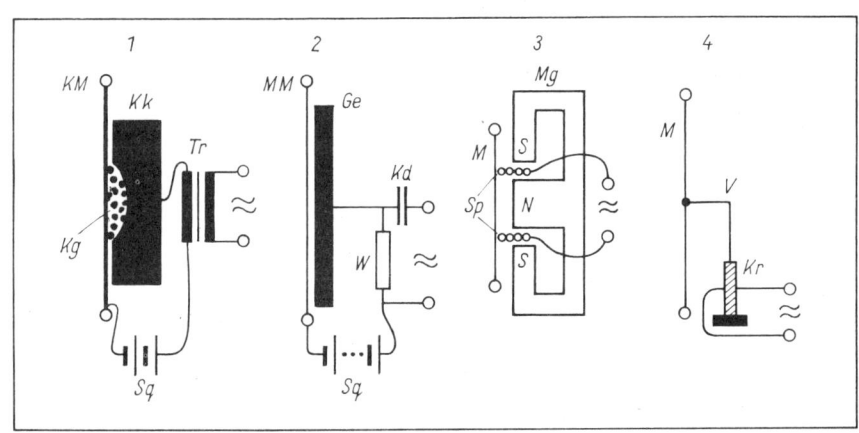

Prinzipieller Aufbau verschiedener Mikrofontypen: 1 Kohlekörnermikrofon, 2 Kondensatormikrofon, 3 dynamisches Mikrofon, 4 Kristallmikrofon

KM Kohlemembran	Sq Stromquelle	W hochohmiger Widerstand	Kr Kristall
Kg Kohlegrieß	MM Metallmembran	Mg Magnet	V Verbindungshebel
KK Kohleklötzchen	Ge Gegenelektrode	Sp Spule	
Tr Transformator	Kd Kondensator	M dünne Folienmembran	

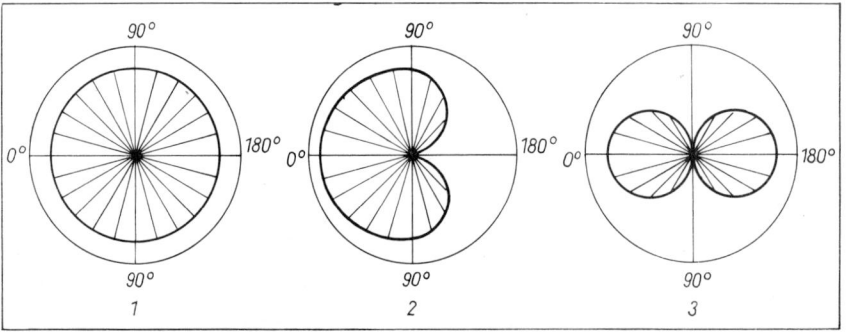

Richtcharakteristiken von Mikrofonen. Die Pfeillänge gibt die relative Empfindlichkeit in Pfeilrichtung an.
1 Kugelcharakteristik, *2* Nierencharakteristik, *3* Achtercharakteristik

besonderen Stromversorgung bedürfen. Leiten Sie aber kein Qualitätskriterium davon ab: Da sich dieses Mikrofon nämlich in unmittelbarer Nähe des Gerätemotors befindet, der auch beim ruhigsten Lauf doch noch ein geringes Geräusch erzeugt, wird das entweder als zusätzliches Rauschen hörbar oder man dämpft das Mikrofon in diesem Frequenzbereich. Das Ergebnis ist immer eine Minderung der Übertragungsqualität. Natürlich, in bestimmten Fällen bedeutet ein solches Mikrofon eine willkommene Bequemlichkeit, jedoch wird andererseits der Aktionsradius eingeschränkt.

Bei vielen Mikrofonen wird noch ein Merkmal mit dem Namen *Richtcharakteristik* angegeben. Man spricht von *Kugel-, Nieren-* oder *Achtercharakteristik*. Die Bedeutung dieser Begriffe ist leicht zu verstehen. Nimmt das Mikrofon den Schall aus allen Richtungen gleich gut auf, also aus einem Raum, der kugelförmig um das Mikrofon liegt, so hat es Kugelcharakteristik. Diese Eigenschaft haben alle Kohle- und Kristallmikrofone und die meisten dynamischen Typen. Manchmal ist es aber gar nicht erwünscht, daß die Schalleindrücke von der Rückseite mit übertragen werden, so z. B. in Konzertsälen, wo Geräusche aus dem Zuschauerraum durchaus stören. Bei Aufnahmen mit eingeschaltetem Lautsprecher treffen die Töne aus dem Lautsprecher das Mikrofon dann von hinten, werden nochmals verstärkt, treten wieder aus dem Lautsprecher usw. Der Erfolg ist die akustische

Rückkopplung, die sich als Pfeifen oder Heulen äußert. Sie läßt sich nur durch Drosseln der Lautstärke vermeiden (wenn der Lautsprecher nicht abgeschaltet werden kann) oder durch ein Mikrofon mit Nierencharakteristik. Es überträgt nur die Töne, die aus einem Bereich vor und neben dem Mikrofon kommen, der, grafisch dargestellt, in der Form der Niere ähnelt. In bestimmten Fällen soll nun aber der Schall vor und hinter dem Mikrofon aufgenommen, der seitliche dagegen unterdrückt werden. Ein Beispiel dafür könnte eine Gesangsdarbietung mit Klavierbegleitung sein, bei der das Mikrofon zwischen Sänger und Instrument steht. Dieser Raum sieht dann aus wie eine 8, dafür gibt es Mikrofone mit Achtercharakteristik. Nur hochwertige dynamische und Kondensatormikrofone sind auf Nieren- und Achtercharakteristik durch auswechselbare Kapseln oder Umschalten eingerichtet. Aus dem Gesagten geht schon hervor, daß Niere und Acht nur in Sonderfällen unbedingt notwendig sind.

Ein Kästchen in Größe etwa eines Schuhkartons, das man innen mit Watte, Zellstoff oder ähnlichem auskleidet und in das man das Mikrofon stellt, bewirkt ebenfalls eine Art Richtungsempfindlichkeit. Auf die Rückseite des Kästchens treffender Schall wird dabei gedämpft. Aber Vorsicht, es kann sich dabei die Klangfarbe erheblich ändern. Also: Ausprobieren, zumal der Aufwand nicht groß ist.

Es wäre noch zu bemerken, daß sich Achter- und Nierencharakteristik schwächer ausprägen oder gänzlich verschwinden, wenn man die Kapsel auf einer Seite mit der Hand zuhält. Auch beim Umwickeln der Kapsel gegen Windpoltern nähern sich die Eigenschaften immer mehr der Kugelcharakteristik. Extreme Richtungsempfindlichkeit, die man analog *Keulencharakteristik* nennen könnte, finden wir bei den Richtmikrofonen. Beim Rundfunk verwendet man dafür im allgemeinen ein rohrförmiges *Tele-* oder *Schlitzmikrofon*, das durch seine spezielle Konstruktion alle seitlich, schräg und von hinten einfallenden Störgeräusche ausblendet. Der große Vorteil von Richtmikrofonen: sie sind handlich und leicht. Für den Amateur erweist es sich bei Aufnahmen aus größerer Entfernung aber als arger Nachteil, daß zum Aussteuern des Bandgeräts eine sehr hohe Verstärkung notwendig ist. Haben wir schon bei gewöhnlichen Aufnahmen oft mit lästigen Brummerscheinungen zu kämpfen, so machen es die uns zur Verfügung stehenden Geräte meist unmöglich, mit solchen Mikrofonen brumm- und rauschfreie Aufnahmen zu erzielen. Wesentlich praktischer, wenn auch erheblich unhandlicher, sind *Spiegelmikrofone*. Sie sammeln aus einer bestimmten Richtung einfallenden Schall wie Sonnenstrahlen in einem Brennspiegel und lenken ihn auf ein (normales) Mikrofon. Auf diesen Typ kommen wir noch einmal zu sprechen. Im Studio verwenden Rundfunk, Film und Fernsehen solche Spiegelmikrofone, um vielleicht bestimmte Instrumente eines Orchesters hervorzuheben.

Mancher wird bei Fernsehübertragungen oder bei öffentlichen Unterhaltungsveranstaltungen schon zwei besondere Arten von Mikrofonen bemerkt haben, die eine große Bewegungsfreiheit zulassen. Einmal sind das *drahtlose* Mikrofone, meist eine dynamische Mikrofonkapsel, die mit einem Kleinstsender verbunden ist und es erlaubt, ohne Leitungen auf 100...200 m zu einem Hauptverstärker zu übertragen. Solche Mikrofone haben außer einer kurzen Antenne, wie Bild S. 95 zeigt, keine Leitungen. Man baut sie sogar als Kleinstmikrofone, die im Knopfloch, Kleiderausschnitt usw. getragen werden können. Sie sind so fast gar nicht zu sehen (falls sich nicht gerade ein attraktives Dekolleté als besonders großzügig erweist). Der Sender steckt dann in einer Tasche, die Antenne befindet sich irgendwo in der Kleidung. Wenn es technisch heute auch für den Bastler nicht schwierig sein dürfte, ein derartiges Mikrofon zu bauen, so sei doch dringend davor gewarnt. Der Betrieb ist nämlich allgemein *nicht* gestattet!

Selbst der Besitz oder Bau eines solchen Geräts bedarf einer Genehmigung, die nur unter besonderen Bedingungen, aber nicht für den Amateur, von der Post erteilt wird. Sollten wir wirklich einmal die Absicht haben, bei einer bunten Veranstaltung in unserem Betrieb oder Wohnbezirk eine Bandaufnahme zu machen, und möchten wir außerdem, daß sich unsere Akteure möglichst frei bewegen und nicht vor einem Stativmikrofon stehen müssen, so bleibt noch ein weiterer Weg. Ein Mikrofon, auch hier handelt es sich um einen dynamischen Typ, wird an einer Kordel um den Hals getragen und die Leitung eventuell durch die Kleidung geführt. So hat man, bei gleichbleibendem Mikrofonabstand, sogar die Hände frei, wie im Bild S. 100 zu sehen ist.

Zu beachten bleibt, daß unser Mikrofon unempfindlich gegen Körperschall sein muß, anderenfalls gibt es bei jeder Bewegung störende Geräusche. Es eignet sich also nicht jedes Mikrofon dafür, und besonders Mikrofone mit Nieren- und Achtercharakteristik lassen sich schlecht verwenden. Für einige Recorder werden auch Mikrofone mit Schalter geliefert. Damit kann der betriebsbereite Recorder zur Aufnahme ein- oder danach wieder ausgeschaltet werden.

Ähnlich wie der Lautsprecher, muß das Mikrofon an das nachfolgende Gerät schaltungsmäßig angepaßt sein. Haben Sie eine Anlage als Set gekauft, können Sie sich immer darauf verlassen, daß es dabei zu keinerlei Problemen kommt, wenn Sie – wieder mal – die Bedienungsanleitung beachten. Im anderen Fall, wenn Sie also Geräte zusammenschalten wollen, die nicht von vornherein zusammengehören, treten manchmal Schwierigkeiten auf. Nun wimmelt es in diesem Zusammenhang oft von Ausdrücken, mit denen nicht jeder etwas anfangen kann. Deshalb will ich hier auf die genaue Definition aus physikalisch-technischer Sicht verzichten. Zum Beispiel verweist eine bekannte Herstellerfirma für Mikrofone auf mehr als 30 Möglichkeiten, diese Geräte anzuschließen. Was davon ist denn nun für Sie wichtig?

Für praktisch alle modernen Amateuranlagen bedarf man eines sogenannten mittelohmigen Mikrofons, das sind die Typen, die vom Fachhandel überwiegend angeboten werden. Früher, bei den Röhrengeräten, wurden fast ausschließlich hochohmige Typen gebraucht. Sollten Sie noch ein derartiges Mikrofon besitzen, wird Sie die Leistung, wenn es nicht überhaupt als Kristallmikrofon schon an Altersschwäche leidet, kaum befriedigen. Lautstärke und Klangfarbe reichen nicht aus. Niederohmige Exemplare hingegen, wie sie zum Beispiel für hochwertige Verstärker-Großanlagen verwendet werden, können Sie unter zwei Bedingungen benutzen. Erstens muß die Lautstärke ausreichen, sie geben nämlich nur etwa die Hälfte der Tonspannung eines mittelohmigen Typs ab. Zweitens müssen diese Mikrofone schaltungsmäßig Ihren Geräten angepaßt werden. Für jemand mit Bastlererfahrung kein Problem, sehen Sie sich dazu die Aufstellung auf Seite 133 an; gegebenenfalls besorgt das auch ein Rundfunkmechaniker für Sie.

Mikrofonkabel können Sie bei mittelohmigen Typen mit *Dioden-Verlängerungskabel* auf etwa insgesamt 20 m verlängern, bei größeren Verlängerungen wird die Übertragung der hohen Töne schlechter; niederohmige Typen vertragen bis zu 200 m. (Die alten hochohmigen Typen durften überhaupt nicht verlängert werden!)

Erwähnen möchte ich noch weitere, bei Ihnen vielleicht vorhandene Mikrofontypen. Da wäre zunächst das gute alte Querstrommikrofon aus der Anfangszeit des Rundfunks zu nennen, das mindestens als Marmorblock von Bildern her bekannt ist. Das gab es in vereinfachter Ausführung manchmal auch als sogenanntes Heimreportermikrofon zu kaufen. Das sind Kohlekörnermikrofone mit einem recht bescheidenen Frequenzumfang von etwa 200 Hz bis 3 000 Hz. Musikaufnahmen selbst nur mittlerer Qualität sind damit praktisch unmöglich, denn gerade die charakteristischen Obertöne der verschiedenen Instrumente bleiben unhörbar. Der Versuch ist recht überzeugend (falls Sie solch ein Museumsstück tatsächlich noch Ihr eigen nennen). Es lassen sich selbst so unterschiedliche Instrumente wie Violine und Blockflöte bei der Übertragung mit solchen Mikrofonen nicht am Klang unterscheiden. Gelegentlich können sie uns trotz oder gerade wegen ihrer Übertragungsmängel noch

recht gute Dienste leisten, wenn wir nämlich Aufnahmen gestalten wollen, in denen Fernsprecher eine Rolle spielen.

Für Kohlemikrofone brauchen wir zum Betrieb immer eine zusätzliche Stromquelle in Form einer Taschenlampenbatterie. Wer gerne darauf verzichten möchte, erreicht annähernd gleiche Übertragungseigenschaften mit einem gewöhnlichen hochohmigen Kopfhörer, der an die Tonabnehmerbuchsen des Radios oder Verstärkers bzw. die Eingangsbuchsen des Tonbandgeräts angeschlossen wird. Auch läßt sich aus einer üblichen Fernsprecher-Mikrofonkapsel und einem zugehörigen Übertrager von einem Bastler leicht ein derartiges Gerät zusammenbauen.

Wegen seiner Preiswürdigkeit war zur Anfangszeit des Tonbandschaffens das Kristallmikrofon der dominierende Typ. Daß es heute kaum noch verwendet wird, hat seine guten Gründe:

Der etwas harte Klang bietet nicht die heute geforderte Qualität, vom Hifi ganz zu schweigen. Der hohe Ausgangswiderstand paßte gut zu den früheren Röhrengeräten, hat aber den Nachteil, daß die Länge der Zuleitungen 1,5…2 m nicht überschreiten darf und sie außerdem äußerst störanfällig sind. Der Kristall altert, und die notwendige Anpassung an moderne Halbleitergeräte bringt weiteren Empfindlichkeitsverlust.

Kehlkopfmikrofone, Unterwassermikrofone und was es sonst noch gibt, brauchen Sie als Tonamateur kaum jemals. Sollten Sie dennoch so etwas besitzen, hindert Sie natürlich niemand am Probieren.

Doch nun zu den Verbindungsleitungen. Seien Sie froh, daß Sie sich nicht mit den Geräten der 50er und 60er Jahre abgeben müssen. Oft war es ein Geduldspiel, bis alles schön zusammenpaßte. Heute kommen Sie in fast allen Fällen mit Stereo-Diodenkabel (es hat zwei Stecker mit 5 Kontakten) oder Stereo-Verlängerungskabel (es hat einen Stecker und eine Kupplung mit 5 Kontakten) aus. Natürlich gibt es auch hierbei wieder Ausnahmen. Sollte nämlich eines Ihrer Monogeräte noch dreipolige Dosen haben, läßt sich der Stereostecker *nicht* einführen. Dann brauchen Sie Mono-Diodenkabel mit dreipoligem Stecker beziehungsweise entsprechendes Mono-Verlängerungskabel. Ein besonderes Kabel, *Über-*

spielkabel genannt, brauchen Sie nur dann, wenn Ihr Bandgerät keine Buchse mit dem Plattenspielersymbol aufweist. Beim Überspielen von Platte aufs Band oder vom Band aufs Band werden damit die abspielenden Geräte – beim Bandgerät die Buchse mit dem Rundfunksymbol, beim Plattenspieler das im allgemeinen fest angebrachte Kabel – mit der Rundfunkaufnahmebuchse verbunden. Sollte das nicht möglich sein, weil zwei positive Stecker (mit Stiften) zusammentreffen, so geht das ganz einfach mit einer doppelseitig negativen Zwischenbuchse (beiderseits Kontaktlöcher). Alle derartigen Verbindungen, also Mono- und Stereodiodenkabel, Mono- und Stereoüberspielkabel und Zwischenbuchsen sind handelsüblich. Man kann sie sich, entsprechende bastlerische Kenntnisse vorausgesetzt, auch selbst herstellen. Darauf komme ich noch.

Ja, und nun ist alles ganz einfach. Verbinden Sie die entsprechend gekennzeichneten Buchsen mit dem Kabel – fertig. Die Symbole will ich Ihnen gern erläutern. Sehen Sie sich dazu bitte die Tabelle 1 an.

Ohne besondere Anpassungsangabe kann man bei modernen Amateurgeräten mit mittelohmigem Wert rechnen.

Wenn noch andere Symbole als in der Tabelle genannt verwendet werden, entnehmen Sie deren Bedeutung bitte der Bedienungsanleitung.

Die Verbindungsleitungen sollte man, schon um Störeinwirkungen weitestgehend auszuschalten, immer so kurz wie möglich halten. Oft jedoch muß man Kompromisse eingehen; im allgemeinen lassen sich Tuner, Verstärker, Plattenspieler und Bandgerät, wenn sie nicht ohnehin zusammengebaut sind, direkt benachbart aufstellen. Dabei braucht man nur kurze Verbindungsleitungen. Wenn auch das Mikrofon oft nicht unmittelbar daneben stehen kann, zum Beispiel, wenn es seinen Platz auf der Bühne eines Klubhauses finden muß, so soll die Mikrofonleitung doch nicht unnötig verlängert werden. Das hat seinen Grund nicht nur im Abfallen der Tonqualität. Manchmal gibt es eine ganz eigenartige Erscheinung: Ohne daß überhaupt ein Radio angeschlossen ist, wird bei der Übertragung ein Rundfunksender hörbar. Das ist um so eher der Fall, je länger die Verbindungskabel sind, und besonders natürlich in der unmit-

telbaren Nähe einer stärkeren Sendeeinrichtung. Für den Amateur ist die Beseitigung dieses Mangels äußerst schwierig, wenn nicht gar unmöglich; ein Grund mehr, lange Kabel zu vermeiden. Merken Sie sich deshalb, daß es bei einer notwendig größeren Entfernung zwischen Lautsprecher(n) und Mikrofon und anderen dazu gehörenden Geräten immer zu empfehlen ist, die Lautsprecherleitungen länger zu wählen, natürlich unter Berücksichtigung des dazu bereits Gesagten, und die anderen Leitungen kürzer zu halten.

Sollten Sie beabsichtigen, selbst eine Dioden-Verlängerungsleitung herzustellen, denn der Handel bietet solche Kabel komplett ja nur bis zu bestimmten Längen an, so sollten Sie folgendes beachten: Verwenden Sie nur dafür vorgesehene Kabeltypen, je nach Einsatzzweck 1-, 2- oder 4-adrig abgeschirmt. Stets wird die Abschirmung entsprechend dem zu Tabelle 3 gehörenden Schema mit 2 und, wenn vorhanden, mit M bezeichneten Kontakt verbunden. (Beim Kopfhörer brauchen Sie kein abgeschirmtes Kabel, aber in der Praxis auch fast nie eine Verlängerung.) Gegebenenfalls nicht benutzte Adern ebenfalls mit Abschirmung verbinden, sonst kann es zu unerklärlichen Störeffekten kommen, nicht benutzte Kontakte dagegen frei lassen. Daß nur einwandfreie Lötstellen störsicher sind, dürfte klar sein. Bei Diodenkabeln werden stets die Kontakte gleicher Numerierung verbunden, also 1 mit 1; 3 mit 3 usw. Bei Überspielkabel erfolgt die Verbindung über Kreuz, also 1 mit 3; 4 mit 5; 3 mit 1 und 5 mit 4. Nur 2 bleibt mit 2 bzw. M mit M verbunden (Abschirmung!).

Bei einigen Kopfhörer-Anschlußdosen befinden sich zusätzlich auf der Rückseite 6 Lötanschlüsse, die beim Einführen des Steckers geschaltet werden. Man kann damit Gerätelautsprecher o. dgl. ab- bzw. umschalten. Hierbei gilt folgendes: Bei *nicht* eingeführtem Stecker sind die Kontakte 1–2 und 5–6 verbunden, die Kontakte 2–3 und 4–5 jedoch offen. Bei *ein*geführtem Stecker hingegen ist es umgekehrt (1–2 und 5–6 offen, 2–3 und 4–5 dagegen geschlossen).

Weiter vorn habe ich Ihnen versprochen, noch einmal näher auf Klubräume, Ferienlager und ähnliches einzugehen, wofür ein Tonamateur öfter einmal gebeten wird, eine Tonanlage aufzustellen.

Über Räume, Geräte und alles das **59**

Für allgemeine Klubräume gelten prinzipiell gleiche Bedingungen wie für unsere Wohnräume. Man kann also nicht erwarten, in hohen und halligen Räumen eine optimale Tonübertragung zu erzielen. Doch werden ja meist viele Gäste erwartet, und die größere Zahl Menschen bewirken glücklicherweise eine erstaunlich kräftige Schallreflexionsdämpfung. Mit der Größe des Raumes steigt verständlicherweise die notwendige Schalleistung. Man soll ja überall alles gut hören können. Dafür gibt es eine Faustregel, aus der sich die Minimalforderung der Leistung errechnen läßt. Wir teilen den Inhalt des Übertragungsraumes (in m³) durch 250. Das Ergebnis sagt uns, welche Lautsprecherleistung (in W) wir brauchen. Ein Beispiel: Ein Saal von 16 m Länge, 14 m Breite und 5 m Höhe hat einen Rauminhalt von 16 m · 14 m · 5 m = 1120 m³. 1120 m³ : 250 ≈ 4,5. Die Anlage muß also 4,5 W Leistung aufbringen. Diese Zahl kann nur ein grober Anhalt sein und setzt ruhige Zuhörer voraus. Außerdem spielen noch andere Faktoren eine Rolle: die akustischen Eigenschaften des Raumes, Zuhörerzahl, Nebengeräusche usw. Für Tanzveranstaltungen setzen wir in die Faustregel statt 250 einfach 100 ein, mit anderen Worten, von dem Zahlenwert des Rauminhalts werden einfach zwei Stellen durch Komma abgestrichen, in unserem Fall also 11,20. Das ist ein wenig gebräuchlicher Wert, wir wählen für die Anlage also 12…15 W. Liegt die Leistung höher, schadet es nicht. Im Gegenteil. Bei geringerem Leistungsbedarf vermindern sich die Verzerrungen erheblich. Sehen Sie sich dazu auch die Tabelle 6 an.

Nun beginnt hier auch spätestens die Überlegung, ob eine Stereoübertragung noch Sinn hat. Die Zuhörer sitzen nämlich in größeren Raumen von mehr als 50 m² Grundfläche todsicher so verteilt, daß gar nicht für jeden ein Stereoeffekt hörbar werden kann. Vielleicht besteht bei derartigen Großparties auch gar kein Interesse dafür. Falls Sie also unter diesen Umständen über eine Stereoanlage verfügen, dürfte es vernünftiger sein, sie auf mono zu schalten (nicht vergessen!) und auf Stereoübertragung überhaupt zu verzichten. Die folgenden Hinweise und Empfehlungen beziehen sich deshalb auf Monoübertragungen. Beim Beschallen größerer Räume bleibt zu erwägen, ob man mit mehreren kleinen oder lieber ein oder zwei großen Lautsprechern arbeiten möchte. *Ein* großer Lautsprecher hat den Vorteil, daß er auch in großen Räumen, gute Allgemeinakustik vorausgesetzt, immer klar zu hören ist. Bei geräuscherfüllten Räumen, wie bei Tanzveranstaltungen, Betriebsfesten usw., offenbaren Großlautsprecher aber einen Nachteil: Um auch in entfernteren Ecken des Saales noch durchzukommen, muß man die Lautstärke weit aufdrehen. In der Nähe des Lautsprechers ist dann vor Krach das eigene Wort nicht mehr zu verstehen. In solchen Fällen verdient eine Dezentralisierung der Übertragung mit Hilfe mehrerer kleiner Lautsprecher den Vorzug. Sie werden im Raum verteilt und sind dann überall zu hören. Extrem laute und leise Raumzonen bekommt man so nicht. Doch auch hier sei der Nachteil nicht verschwiegen: Bei ruhigem Publikum ist nicht nur der nächste, sondern sind auch die weiter entfernten Lautsprecher zu hören. Infolge der Laufzeitunterschiede des Schalls verliert der Ton erheblich an Brillanz, es klingt verschwommen, bei sehr großen Räumen gibt es sogar echoähnliche Erscheinungen. Man sollte also vor dem Aufbau einer Übertragungsanlage in größeren Räumlichkeiten untersuchen, welche Form zweckmäßiger ist: Zentral oder nicht zentral, das ist hier die Frage! Mitunter sind auch Zwischenlösungen möglich, denn für den 25-W-Anschluß bleibt es einerlei, ob man nun einen 25-W-Lautsprecher, vier 6-W-Lautsprecher oder 16 Lautsprecher zu 1,5 W anschließt. Beachten Sie aber unbedingt, daß der Gesamtwiderstand der angeschlossenen Lautsprecher mit dem Verstärker-Anschlußwert übereinstimmt oder notfalls geringfügig (!) größer ist. Am einfachsten erreicht man das mit vier Lautsprechern, deren Ohm-Wert dem Ohm-Wert des Lautsprecheranschlusses entspricht. Zum Beispiel werden jeweils zwei 4-Ω-Lautsprecher parallel und diese Gruppen hintereinandergeschaltet, das ergibt wieder 4 Ω. So ließen sich an einen auf mono geschalteten Stereoverstärker mit zwei 4-Ω-Anschlüssen insgesamt acht (= 2 × 4) 4-Ω-Lautsprecher anschließen. Das ist schon eine ganze Menge. Hierfür brauchen Sie gegebenenfalls die Hilfe eines Fachmanns, falls Sie das nicht selbst berechnen oder schalten können.

Im Freien läßt sich der Leistungsbedarf schlechter vorhersagen. Wir als Amateure werden nun, und das verein-facht die Sache enorm, kaum in die Lage geraten, eine Anlage für Großkundgebungen aufbauen zu müssen. Meist wird es sich um eine vorübergehende Aufstellung auf einem Betriebssportplatz, im Garten eines Ferien-heims, im Betriebsferienlager oder ähnliches handeln. Hier wird es wenig sinnvoll sein, Anlagen unter 50 W einzusetzen. In einem Zelt-Ferienlager mit etwa 150 Kin-dern sind minimal 100 W, auf einem kleinen Betriebs-sportplatz mindestens 150 W notwendig. Bei solchen Verstärkern müssen wir uns vergewissern, ob damit auch Bandaufnahmen möglich sind. Infolge besonderer Schaltungsweise kann nicht jedes Bandgerät ohne weite-res an jeden Kraftverstärker zur Aufnahme angeschlos-sen werden. Wiedergabe ist in jedem Fall möglich.

Sie merken schon, daß die üblichen Heim- und Klub-raumverstärker diesen Anforderungen nicht mehr ge-recht werden. Hinzu kommt außerdem eine weitere Klippe: Anlagen direkt im Freien müssen unbedingt wetterfest sein, falls sie länger als nur einen sonnigen Tag stehen sollen! Schon eine taufeuchte Nacht vermag den diesbezüglich empfindlichen Anlagen sehr zu scha-den. Man kann den Verstärker mit Plattenspieler und Bandgerät vielleicht in einem festen Raum unterbringen, für ein paar Tage genügt auch ein Zelt, und unmittelbar unter einem Vordach finden die Lautsprecher für kür-zere Zeit gegebenenfalls ausreichend Schutz. Im übrigen gilt, was über Stereo- und Monowiedergabe in größeren Räumen gesagt wurde, ohne Einschränkung auch im Freien; Stereowiedergabe erscheint wenig sinnvoll.

Und noch ein Tip für lautstarke Übertragungen. Ver-suchen Sie nicht, bei einem bis drei oder vier kleinen Lautsprechern den Lautstärkeregler bis zum Geht-nicht-mehr aufzudrehen.

Diese Lautsprecher, für 1...3 W vorgesehen, fangen dann an, erbärmlich zu plärren. Sie verkraften die zuge-führte Leistung einfach nicht mehr und – noch schlim-mer – sie gehen entzwei! Einmal halten die Schwingspu-len die großen Schwingbewegungen nicht aus, sie könnten sich lösen, dann hört man nur noch ein kräch-zendes Kratzen, und eine Reparatur wird fällig. Außer-dem steigt die Stromstärke in der Schwingspule mit ihrem sehr dünnen Draht auf Werte von mehreren Am-pere an, das hält sie nicht aus. Gut ist es also immer, un-ter Bedingungen vollen Ausnutzens der Verstärkerlei-stung dafür zu sorgen, daß die Summe der Leistungen der Lautsprecher nicht kleiner ist als die Verstärkerlei-stung. Sie erinnern sich, unter Heimbedingungen nut-zen wir diese im Interesse guter Klangqualität nie voll aus; in Großräumen oder gar im Freien hört sich das ganz anders an. Dort müssen wir meist das gesamte Lei-stungsangebot des Verstärkers verwenden.

Noch ein ganz großes Achtungszeichen gilt für Anla-gen im Freien: Es dürfen nur einwandfreie Schutzkon-takt-(Schuko-)Steckdosen und -Leitungen für die Verbin-dung mit dem Lichtnetz benutzt werden. Jegliche Provisorien sind – auch zum Nur-Ausprobieren – *streng verboten*! Dabei ist es völlig gleichgültig, ob Sie die An-lage für ein Zeltlager oder lediglich für eine Gartenparty vorsehen. Draußen bleibt draußen, und dort ist die Ver-bindung Ihres Körpers zur Erde besonders gut. Traurig, wenn ein fröhliches Fest mit einem Unfall durch Elektri-zität endet, das braucht nicht zu sein. Unterlassen Sie in solchen Fällen jegliche Basteleien!

Das Schöne bei Tonband und Kassette: Eigene Aufnahmen

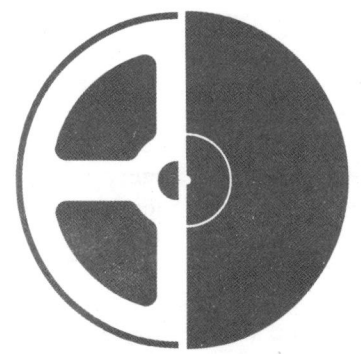

Was man beachten muß, damit Aufnahmen vom Rundfunk und Umschnitte wirklich optimal ausfallen

Nun geht's also ans Aufnehmen. Daß Ihre Geräte alle in Ordnung sind, setze ich im folgenden immer voraus, denn anderenfalls müssen ja irgendwo Mängel auftreten.

Merken Sie sich zunächst einmal, daß keine Aufzeichnung besser werden kann als das Original. Dessen Qualitätskontrolle ist eigentlich so selbstverständlich, daß ich es kaum aufzuschreiben wage: Stellen Sie einen Sender so ein, daß Sie mit der Wiedergabe im Lautsprecher Ihres Radios zufrieden sind, mit anderen Worten, wie Sie später die Aufnahme vom Band hören möchten. Hier gehen die möglichen Mängel schon los, denn alles das, was Sie im Lautsprecher hören, kommt genau so aufs Band, die Verzerrungen bei Schwunderscheinungen, Rauschen bei zu schwach einfallenden UKW-Sendern, Störungen durch unzureichend entstörte Haushaltgeräte, Zündkerzengeknatter, Gewitterstörungen usw. Auch die mangelnde Brillanz einer Mittelwellensendung zähle ich dazu, denn wenn die Übertragung nur bis 4500 Hz reicht, erzielen Sie selbst mit den raffiniertesten Tricks keine höheren Obertöne. Nur die Klangregelung Ihres Radios bleibt ohne Einfluß auf die Aufzeichnung.

Am günstigsten erweist es sich, einen nahen UKW-Sender einzustellen. Die Verbindung mit einem Diodenkabel zwischen Radio und Bandgerät haben Sie auch schon geschaffen. Schalten Sie, falls vorhanden, die automatische Lautstärkeregelung am aufnehmenden Recorder ab und regeln Sie die Aufnahmelautstärke daran so

ein, daß die Lautstärkespitzen, also die Fortissimo, gerade die Grenze zur Übersteuerung erreichen. *Wie* Sie das im konkreten Fall machen, sagt Ihnen (schon wieder!) Ihre Bedienungsanleitung. Hierbei ist es ganz gleichgültig, ob die Anzeige der Aufnahmelautstärke (Pegel) durch ein kleines Zeiger-Meßinstrument, durch Leuchtdioden oder auch vielleicht durch eine andere elektronische Einrichtung erfolgt. Warum Sie die Automatik abstellen sollen? Ganz einfach. Die Automatik bewirkt nämlich ein Anheben der Empfindlichkeit bei geringen und ein Absenken bei großen Intensitäten, so wird also die gesamte Dynamik stark eingeengt. Das kann unter bestimmten Voraussetzungen sehr nützlich sein – worauf wir noch kommen –, bei Musikaufnahmen jedoch ist das völlig unerwünscht. Es kann so weit gehen, daß bei Stellen kleinster Lautstärken oder einer Tonpause ein deutliches Rauschen hörbar wird. Die eventuell vorhandene Dolby- oder Exko-Einrichtung Ihres Recorders hingegen lassen Sie ruhig eingeschaltet; wir verzichten später nur dann darauf, wenn wir die Kassetten mit Partnern austauschen wollen, deren Recorder keine gleiche Einrichtung hat oder wir selbst später die Aufnahme auf einem anderen Recorder wiedergeben wollen. Daß wir den richtigen Kassettenbandtyp – Eisenoxid oder Chromdioxid – wählen bzw. das Gerät auf den entsprechenden Typ schalten, versteht sich zwar von selbst, wird aber doch oft vergessen (wenn Ihr Recorder nicht so nobel eingerichtet ist, automatisch umzuschalten). Sie sehen, auf einiges muß man schon aufpassen, wenn man auch sonst nicht unberechtigt die Bedienung eines Recorders mit dem Prädikat *einfach* versieht.

Bei Spulengeräten gibt's das alles nicht, dafür muß man eben das Band einfädeln, auf richtigen Sitz der Spulen und einwandfreien Transport achten u. a. m.

So, das wärs, die Musik klingt sauber aus dem Radio, auch gleichfalls aus dem Bandgerätlautsprecher, den wir zur Kontrolle in diesem Fall mitertönen lassen, also: »Aufnahme, bitte schneiden!« – – –

Nach dem Drücken der Stopptaste rollen wir das Band bis zum Aufzeichnungsbeginn zurück und hören alles noch einmal an. Natürlich schalten wir dazu das Radio (oder den Verstärker) auf »Tonband« um. Zur Qualitätskontrolle benutzen wir *immer* den Lautsprecher des Rundfunkgerätes oder Verstärkers, da der in das Bandgerät eingebaute Lautsprecher nicht über die Klangqualität des anderen verfügt. Wenn Sie alles richtig gemacht haben, darf die Bandaufnahme nicht merklich schlechter klingen als das Original. Sie dürfen die Probe aufs Exempel machen und mit dem eingebauten Lautsprecher abhören. Die Qualitätsdifferenz ist recht deutlich.

Welche Mängel aber können nun erkennbar werden? Klingen die Lautstärkespitzen unsauber, haben Sie das Band übersteuert, das heißt, zu laut aufgenommen. Der umgekehrte Fall tritt nicht so deutlich in Erscheinung, bei den leisen Stellen macht sich jedoch ein Rauschen bemerkbar, weil die Musik hier *zu* leise aufgezeichnet wurde. Bei durchweg starken Verzerrungen haben Sie todsicher einen falschen Kassettentyp gewählt oder den Recorder nicht entsprechend eingestellt.

Bei einem Spulengerät mit umschaltbarer Bandlaufgeschwindigkeit empfehle ich Ihnen, in gleicher Art einmal Aufnahmen mit allen verfügbaren Geschwindigkeiten auszuprobieren. Sie werden dann feststellen, daß die Klangqualität bei der größten Geschwindigkeit am besten erscheint. Hierfür ist es aber wichtig, Aufnahmen nur von UKW-Sendern zu machen, um höchste Hörfrequenzen mit zu erfassen. Als Standardgeschwindigkeit sind 9,5 cm/s zu empfehlen. Sie reicht für gute Aufnahmen meist aus und hält den Bandverbrauch in Grenzen. Hifi-Ansprüche werden damit manchmal nicht ganz erfüllt. Falls nötig, steigen wir deshalb auf 19,05 cm/s um, wenn unser Gerät das zuläßt. Bei Tanz- und Unterhaltungsmusik reichen 4,75 cm/s aus. Das soll diese Musik nicht abwerten, doch beim Tanzen und Unterhalten lauscht ja niemand nach Hifi, und Tripleband auf einer 15-cm-Spule (≙ 730 m) reicht in einer Laufrichtung für gut 4¼ Stunde Spielzeit!

Umschnitte von Platte oder CD-Spieler auf Band unterscheiden sich kaum von Rundfunkmitschnitten. Achten Sie nur darauf, beim Bandgerät die Plattenspielerbuchse oder ein Überspielkabel an der Rundfunkbuchse zu verwenden. Überprüfen Sie das als erstes, falls die Aussteuerungskontrolle beim Abspielen der Platte absolut nicht anzeigen will. Bei manchen Sets und Kompaktanlagen mit gesonderten Buchsen für Plattenspieler und Tonband brauchen Sie den TA-Anschluß am Bandgerät nicht. Diese Anlagen sind so eingerichtet, daß bei ihrem Umschalten auf TA automatisch die Tonspannung auf den richtigen Kontakt des Diodenkabels gegeben wird. Das steht dann genauer in der Bedienungsanleitung. Die Fehlermöglichkeiten sind die gleichen. Bei älteren Bandgeräten ohne TA-Anschluß kann aber noch etwas eintreten, was ich für Sie nicht hoffe: Alle Umschnitte, die Sie so ausgeführt haben, sind total verzerrt, nur ganz leise Pianostellen lassen sich überhaupt erkennen, alles andere geht in einem fürchterlich krächzenden Geräusch unter. Hier ist die Ursache technischer Art: Das Bandgerät ist für die relativ hohe abgegebene Tonspannung des Plattenspielers zu empfindlich, und diese Spannung übersteuert das Band total. Was tun? Nun, auf keinen Fall resignieren. Sie brauchen nämlich nur ein Glied, mit Hilfe dessen die zu hohe Spannung auf etwa 1/20 reduziert wird. Manchmal gibt es diese Glieder als Zwischenstücke im Handel, ebenso können sie bereits in den Überspielkabeln vorhanden sein. Für einen Bastler ist der Zusammenbau überhaupt kein Problem. Auf Seite 121 finden Sie eine Anleitung für den Selbstbau.

Wie ich schon sagte, kommt alles aufs Band, was Sie im Lautsprecher hören. Sie können also keine Störungen beseitigen, die über die Antenne kommen. Läßt es ein Equalizer zu, kann man vielleicht (!) ein gewisses Rauschen dämpfen, zum Beispiel von älteren Schallplatten oder UKW-Fernempfang. Ich bin allerdings nicht für solche Manipulationen, denn besser, es ist erst einmal alles auf dem Band, dann kann die Korrektur später beim Wiedergeben erfolgen. Was sich aber nicht auf dem Band befindet, kann ich später auch nicht wieder herunterholen. Hier müßte man also von Fall zu Fall entscheiden, ob eine Korrektur schon beim Aufnehmen besser wäre.

Ein Mitschnitt vom Fernseher unterscheidet sich nicht vom Rundfunkmitschnitt. Achten Sie allerdings dabei noch mehr auf ganz genaue Sendereinstellung. Bei älteren Empfängern tritt besonders bei hohen Bildkontrasten oder Schrift ein deutliches, etwas schnarrendes Brummen auf, das kommt mit auf das Band und läßt sich nicht beseitigen. Aber im allgemeinen ist die Tonqualität nicht schlechter als bei UKW-Rundfunk. Fernsehgeräte sind für die Wiedergabe von Tonbandaufnahmen im allgemeinen nicht eingerichtet. Zur Kontrolle der Aufnahme müssen Sie demnach, wenn die Qualität des Bandgerät-Einbaulautsprechers dafür nicht ausreichen sollte, einen Zusatzlautsprecher beziehungsweise ein Rundfunkgerät oder einen Verstärker anschließen.

AM-Mitschnitte, also von Mittel-, Kurz- und Langwellensendungen, sind natürlich ebenfalls möglich. Daß dabei alle Mängel mit aufgenommen werden, versteht sich von selbst: Höhen nur bis 4500 Hz, dadurch unbefriedigende Brillanz, viele atmosphärische Störungen, Schwundverzerrungen usw. Natürlich kann eine AM-Aufnahme von einem gut empfangenen Sender durchaus ordentlich ausfallen.

Stereoaufnahmen machen Sie nicht anders als Monoaufnahmen. Achten Sie trotzdem darauf, ob die Bedienungsanleitung nichts Zusätzliches aussagt. Selbstverständlich brauchen Sie ein Stereo-Diodenkabel oder ein entsprechendes Überspielkabel. Sollte bei der Aufnahme im rechten Bandgerät-Lautsprecher nichts zu hören sein oder beim Wiedergeben ebenfalls der rechte Lautsprecher stumm bleiben, überprüfen Sie erst einmal das Kabel. Weil es heute praktisch keine Diodendosen mehr gibt, in die Sie nur 3-Stift-Stecker einführen können – bei Monogeräten sind die entsprechenden Kontakte nur nicht angeschlossen –, ist es am besten, *nur* Stereokabel zu benutzen. Sie können damit nämlich auf jeden Fall auch Monoübertragungen machen. Vergessen Sie aber

nicht, für Stereoaufnahmen alle Geräte auf Stereo zu schalten! Die Tatsache, daß Sie für einen ordentlichen Stereoempfang einen relativ starken Sendereinfall brauchen, hat natürlich auch Auswirkugen auf den Mitschnitt. Schalten Sie lieber beim Stereo-Fernempfang gegebenenfalls auf mono um und machen Sie eine Monoaufnahme, das klingt bestimmt besser als eine verrauschte Stereoaufzeichnung. Fernseh-Stereomitschnitt erfordert selbstredend ein stereotüchtiges Fernsehgerät, sonst klappt's nur in mono.

Fein 'raus sind Sie beim Überspielen von Stereoschallplatten. Hierbei können sich eigentlich kaum Fehler einschleichen. Das Überspielen ist praktisch identisch mit dem Monoüberspiel. Ebenso einfach gestaltet sich das Überspielen von Band auf Band. Nur ein kleines Achtungszeichen: Bei den Anschlußdosen am Bandgerät finden Sie selten ein Bandgerätesymbol. Beim *Abspiel*gerät müssen Sie den Stecker des Kabels in die Rundfunk- oder Verstärkerdose einführen, als wollten Sie das Band über ein solches Gerät wiedergeben. Beim *Aufnahme*gerät erfolgt der Anschluß an die Phonobuchse wie beim Plattenüberspiel. Ist eine solche Buchse nicht vorhanden, Überspielkabel verwenden – siehe oben.

Soweit wir nicht mit zwei Geräten unterschiedlicher Bandgeschwindigkeiten arbeiten, etwa um ein 9,5-cm-Band unseres Freundes auf unsere 19,05 cm/s zu bringen, vom Spulenband auf Kassette übertragen wollen oder umgekehrt, gilt ein Grundsatz: Benutzen Sie immer das Gerät mit der besseren Wiedergabe als Geber und das andere als Aufnehmer. Jeder Umschnitt bedingt einen gewissen Qualitätsverlust. Nehmen wir nun auf die Wiedergabeseite das schlechtere Gerät, so kann die Aufnahme günstigenfalls dieser Qualität entsprechen. Umgekehrt kommt es vor, daß Aufnahmen mit dem schlechteren Gerät besser sind, als es selbst wiederzugeben vermag. Damit besteht eine Chance, daß sich das Ergebnis der Qualität des besseren Geräts annähert.

Und noch ein kleiner Tip: Den Qualitätsabfall einer Kopie merken wir manchmal kaum. Es wäre aber unklug, diese Kopie noch einmal zu kopieren, solange uns die Platte oder das Mutterband zur Verfügung stehen. Ein Umschnitt von einer Kopie ist immer wesentlich schlechter als das Original.

Das Aller-schönste: Aufnahmen mit dem Mikrofon

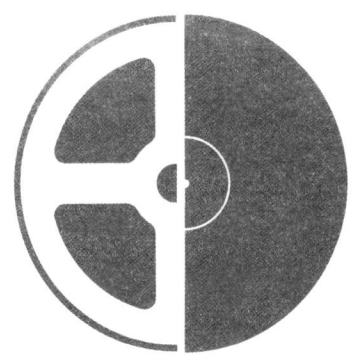

Sicherlich werden Sie nun langsam darauf brennen, das Mikrofon zu benutzen und Ihre Stimme, die der Familienmitglieder oder Freunde auf das Band zu bringen. Im Grunde ist der Vorgang ganz ähnlich wie bei den anderen Aufnahmen. Sie schalten Ihr Mikrofon – bleiben wir zunächst bei Monoaufnahmen – an die Mikrofonbuchse des Bandgerätes oder Sets an. Beim Aufdrehen der Aufnahmelautstärke, schließlich müssen wir ja aussteuern, kann es geschehen, daß aus dem Lautsprecher ein Pfeifen, Heulen oder Blubbern kommt, das beim Zurückdrehen der Lautstärke plötzlich abreißt. Der Ton ändert sich beim Hin- und Herbewegen des Mikrofons. Hier handelt es sich einwandfrei um eine akustische Rückkopplung, von der schon einmal die Rede war. Zur Beseitigung bestehen einige Möglichkeiten:

1. Wir gehen mit dem Mikrofon so weit von dem Lautsprecher weg, bis der Störton verschwindet. Dabei sind durch die Kabellängen Grenzen gesetzt.
2. Die Lautstärke so weit drosseln, daß keine Rückkopplung mehr auftritt. Bei der Aufnahme muß dann das Mikrofon direkt vor den Mund genommen werden. Die Klangqualität nimmt so allerdings ab.
3. Wir versuchen, das Mikrofon in ein watteausgekleidetes Kästchen zu stellen. Dann muß das Mikrofon meist ortsfest stehenbleiben.
4. Das Mikrofon findet in einem zweiten Raum Platz. Das ist zweifellos die eleganteste Lösung, weil nun die Aufnahme im Lautsprecher mitgehört werden kann. Leider läßt sich das aus Kabellängen- und Raumgründen nicht immer einrichten.
5. Der Lautsprecher wird abgeschaltet. Dann »fahren« wir die Aufnahme mit Kopfhöreranschluß. Da wir nur mithören wollen, eignet sich dazu ein preiswerter Funkhörer oder auch ein Ohrhörer.

Nun kommt also der große Moment. Das Band läuft, Aussteuerung wie bei der Rundfunkaufnahme – fertig. Wer zum ersten Mal seine eigene Stimme hört, ist immer überrascht. Sie klingt ganz anders, als wir uns selbst hören. Das hängt von der Art des Hörens ab: Im Normalfall hören wir unsere eigene Stimme nicht auf dem Wege Mund → Luft → Ohr, sondern über die Kopfknochen. Vom Band hören wir uns eigentlich »richtig«, d. h. so, wie uns auch andere vernehmen. Ein wertvolles Mittel zur Sprech-Selbsterziehung! Sollte die Sprache nicht ganz so klingen, wie wir es eigentlich erwarten, haben wir sicherlich einen Fehler in der Mikrofonhaltung gemacht. Zu enges »Kleben« am Mikrofon bewirkt einen Klang ähnlich dem eines Jahrmarktausrufers, quäkig und gequetscht. Also Abstand wahren! 30 cm bis 75 cm sind meist am besten. Noch größerer Abstand birgt die Gefahr zu starken Nachhalls, wenn Wände, Decke und Fußboden des Raumes den Schall gut reflektieren. Gegebenenfalls läßt sich das ausnutzen; davon später.

Vielleicht noch vorhandene ältere Mikrofone bevorzugen bestimmte hohe Frequenzen, wodurch besonders die S-Laute hervortreten und die Sprache dann sehr scharf und spitz klingt. Diesen Schönheitsfehler (übrigens besonders ausgeprägt bei zu kurzem Mikrofonabstand!) bessert fast immer etwas seitliches Aufstellen des Mikrofons. Wir sprechen dann also vorbei. Beim Benutzen anderer Mikrofontypen und sehr kurzem Aufnahmeabstand gilt sinngemäß Gleiches.

Etwas ganz Ähnliches finden wir bei Mikrofonaufnahmen von Musikinstrumenten, nur wirkt es sich dabei etwas anders aus. Auch Mikrofone mit Kugelcharakteristik nehmen nämlich hohe Frequenzen, die senkrecht auf die Membran treffen, stärker auf als seitlich einfallende hohe Töne. Das ist ja auch der Grund, weshalb wir zum Vermeiden eines spitzen Klanges vorbeisprechen sollen. Die Klangfarbe eines Musikinstruments wird vorwiegend von den Obertönen bestimmt. Und sie sind ein Gemisch hoher und höchster Frequenzen, die wiederum das Instrument in einer Richtung bevorzugt abstrahlt. Diese Eigenschaften muß man kennen und danach Instrumentenhaltung und Mikrofonstellung aufeinander abstimmen: Saiteninstrumente (Streichinstrumente, Gitarren, Lauten usw.) strahlen senkrecht zum Resonanzboden am stärksten, Blasinstrumente meist in Trichterachsenrichtung, usf. Für Aufnahmen ganzer Orchester und Chöre eignet sich ein Mikrofon mit Nierencharakteristik am besten. Es erfaßt einen Raum, der von dem Klangkörper gerade ausgefüllt wird, wenn wir es in der Mitte davor anbringen, möglichst etwas höher und nach vorn geneigt. Sehr große Ensembles kann man mit einem einzelnen Mikrofon nicht mehr befriedigend aufnehmen. Dazu sind mehrere Mikrofone notwendig, die jeweils immer bestimmten Gruppen (Sopran – Alt – Tenor – Baß o. ä.) zugeordnet werden. Die Zusammenschaltung erfolgt dann über eine Mischanlage.

Die Aufnahme von Instrumentalmusik ist nicht ganz einfach. Durch die im Verhältnis zur Sprache wesentlich größere Dynamik gehen leise Partien häufig im Eigengeräusch des Bandes unter, während laute Stellen übersteuert werden. Hier gilt es, die Dynamik durch geschicktes Regeln der Lautstärke bei der Aufnahme so einzuengen, daß sie noch in den Dynamikumfang des Bandgeräts paßt, aber andererseits nicht ganz verschwin-

det. Dazu gehören viel Übung und manche Probeaufnahme. Allein schafft das der Musiker selten, er braucht als Hilfe im allgemeinen einen musikalischen Menschen, der für ihn die Aussteuerung übernimmt.

Für Einzelsprecher und -sänger am Mikrofon gilt ein ehernes Gesetz: Kopf stillhalten! Nach einem bekannten physikalischen Gesetz ändert sich die Schallstärke im Quadrat der Entfernung. Wenn Sie nun die Angewohnheit haben, beim Sprechen immer Vor- und Rückwärtsbewegungen zu machen, bringen Sie jeden Tonsteuerer in gelinde Verzweiflung: Bei einer Durchschnittsmikrofonentfernung von 1 m und Pendelbewegungen von 0,50 m ändert sich die Lautstärke am Mikrofon im Verhältnis von rund 1:4! Also gewöhnen wir uns oder anderen Darstellern diese Eigenart möglichst schnell ab. Nur der Erfahrene darf so etwas gelegentlich bewußt tun, um der Stimme ein wenig zusätzliche Dynamik zu verleihen.

Mehrere Personen, gleichgültig ob Sprecher oder Musikanten, müssen zum Mikrofon gleichen Abstand haben und halten. Mit den Fingern am Mikrofon zu spielen sollte man ebenso wie das Rascheln mit Papier unterlassen. Trittschall, der auf dem Weg über das Stativ zum Mikrofon gelangt, kann auch stören. Original-Mikrofonstative haben deshalb meist Gummifüßchen, behelfsmäßig benutzten Fotostativen fehlen sie; eine weiche Unterlage vermag da Wunder zu bewirken. Die Bilder zeigen anschaulich, wie man es macht und wie Mängel auftreten können. Sehen Sie sich das einmal genau an, und vergleichen Sie es mit Ihren Gewohnheiten.

Es hat sich leider eingebürgert, die Aufnahmebereitschaft des Mikrofons durch kräftiges Hineinpusten zu überprüfen. Das ist eine üble Unsitte. Unser Mikrofon ist ein recht sensibles Geschöpf und empfindlich gegen Feuchtigkeit wie alle elektrischen Geräte. Besser als durch unser Blasen können wir aber Feuchtigkeit gar nicht hineinbringen. Kondensatormikrofone beantworten solch eine Maßnahme meist durch ein unwilliges Brodeln, das erst nach einigen Minuten nachläßt, wenn die Speichelfeuchtigkeit wieder eingetrocknet ist. Behandeln Sie Ihr Mikrofon demnach etwas liebevoller, sanftes Streicheln schadet nicht und ergibt im Lautsprecher ein unüberhörbares Poltern. Aber bitte nicht klopfen, das nimmt die empfindliche Membran auch übel. Steht ein Mikrofon im Freien, ertönen im Lautsprecher manchmal undefinierbare Poltergeräusche, deren Ursache der Wind ist. Wenn wir das Mikrofon nicht irgendwo im Windschatten unterbringen können, hilft entweder ein Windschutz *(Windkorb)*, der über die Kapsel gestülpt werden kann, oder in Ermangelung eines solchen Korbes ein Stück Verbandmull, ein poröses Leinenläppchen, im Notfall auch ein Taschentuch. Damit wird die Kapsel umwickelt, nicht zu dick, das schadet der Übertragungsqualität, weil es die hohen Frequenzen benachteiligt. Die eventuelle Richtcharakteristik des Mikrofons bleibt, auch das darf nicht vergessen werden, dabei und bei tiefen Frequenzen relativ unwirksam. Unter solchen Umständen sollte man eine Probeaufnahme vorangehen lassen, weil das Tonband anders reagieren kann, als man es bei der Aufnahme selbst hört.

Kommen wir nun noch einmal auf die in Recorder eingebauten Mikrofone zurück. Sie sind dann wirklich hervorragend, wenn wir unseren Recorder als akustisches Notizbuch verwenden wollen: *Keine* zusätzlichen Schnüre, *kein* zweites Gerät, das ist wirklich praktisch. Aber (natürlich wieder ein Aber!) leider gibt es zwei recht negative Faktoren:

1. Statt nur mit dem Mikrofon, müssen wir mit dem ganzen Recorder hantieren, das schließt schon manche Aufnahme aus.
2. Jeder Recorder erzeugt ein Laufgeräusch beim Betrieb, und wenn's noch so gering ist. Dieses Geräusch würde das eingebaute Mikrofon mit aufnehmen, wenn es für diese Frequenzen nicht gedämpft wäre. Sein Frequenzgang ist demnach eingeschränkt, das wirkt sich natürlich auf die Qualität der Aufzeichnung negativ aus.

Aus diesen Gründen lassen sich fast immer gesonderte Mikrofone anschließen, selbst bei großen Stereorecordern mit eingebauten Stereomikrofonen.

Genug der Technik. Jetzt wollen wir uns Gedanken machen, was wir außerdem noch können: Ideen entwickeln und in die Tat umsetzen. Etwas sehr Schönes auf lange Sicht ist ein tönendes Familienalbum. Ganz so, wie der Fotoamateur seinen Ehrgeiz daransetzt, das Album interessant und vielseitig zu gestalten, auch wenn es ausschließlich Familienbilder zeigt, hat der Tonbandamateur seine Möglichkeiten. Das fängt mit dem Schreien des Neugeborenen an. Und wo endet es? Das ist letztlich jedem selbst überlassen. Wohl dem, der so geschickt ist, daß ihm unbemerkte Schnappschüsse gelingen. Wie wär es, die teure Gattin einmal singenderweise beim Saubermachen oder Geschirrspülen zu belauschen? Interessant und lustig ist dabei die unvermeidliche Geräuschkulisse: *La Paloma* mit Wischwassergeplätscherbegleitung. *O sole mio* mit Schrubberscheuern als Untermalung oder »In the mood« mit Geschirrklappern als Schlagzeugersatz. Solche Aufnahmen sind freilich schwer unbemerkt einzufangen. Wenn das Opfer erst einmal die Absicht bemerkt, dürfte es aus sein. Doch immerhin kann die anschließende Unterhaltung ein nettes Ende der Aufnahme bilden. Klein-Evi spielt so hübsch mit ihren Puppen. Auch das Plaudern mit der Puppe ergibt lohnende Aufnahmemomente. Wenn aus Evi eine große Eva geworden ist, wird sie sich über dieses Band gewiß amüsieren. Spielende Kinder gewöhnen sich so rasch an alle Geräte, daß sie sich bald nicht mehr stören lassen. Vergnügliche Situationen finden sich jeden Tag, man muß sie nur richtig erfassen.

Bald naht eine Geburtstagfeier, eine Verlobung, oder was es auch sein mag. Da steht das Bandgerät nicht abseits. Doch hüten Sie sich vor dem Unbedingt-was-sagen-Wollen. Das Ergebnis kennen wir schon, es ist alles andere als originell:

»Meine verehrten Hörerinnen und Hörer, Sie vernehmen jetzt die Stimme unserer lieben Tante Marianne.«

»???« – Pause.

»Nun sag doch mal was, Janny!«

»Was soll ich denn sagen?«

»Na irgend was!«

»Ich weiß aber nichts!«

»Du wirst doch aber irgendwas sagen können!«

»Eh-hm-nee, wirklich nicht!«

»Na sowas, aber das sagt eben jeder!«

»Was denn?«

»Daß er nicht weiß, was er sagen soll!«

Und so weiter – und so weiter. Je nach Temperament folgt resigniertes Geräteabschalten oder auch ein heftiger Wortwechsel. Das sind die Bänder, die dann gleich wieder gelöscht werden. Viel netter sind Aufnahmen zwangloser Kaffeetischunterhaltung, wobei wiederum unbemerkte oder wenigstens unbeachtete Aufnahmen zum besten Ergebnis führen. Sagen Sie möglichst nicht: »So, nun machen wir mal eine Bandaufnahme!«, denn dann wird Ähnliches dabei herauskommen wie bei dem angeführten Beispiel. Fummeln und murksen Sie ruhig mehr oder weniger diskret an den Geräten herum, die anfängliche Aufmerksamkeit erlahmt rasch. Wenn man Sie da nicht mehr beachtet – genau dann ist Ihr Zeitpunkt gekommen. Die Unterhaltung ist nun absolut echt. Einige Ausschnitte werden sich bestimmt auch für das Album zum Aufheben eignen. Wenn nun ein Gast garzuviel Interesse für Ihr Gerät zeigt, lassen Sie ihn ruhig als Assistenten wirken. Hilfe ist auch bei Bandaufnahmen selten unwillkommen. Selbst ein notorischer Griesgram braucht Sie nicht zu ärgern. Sollte er tatsächlich einmal alle Stimmung verdorben haben, weil er bei jeder Aufnahme dumme Bemerkungen macht – das Abspielen des Bandes hebt gerade dann das Stimmungsbarometer wieder, und der Nörgler erhält eine wertvolle Lektion.

Doch Alltag und Feiern erschöpfen nicht unsere Möglichkeiten. Wie bei anderen Hobbies, sei es Philatelie, Fotografie, Sport oder Vogelzucht, finden sich auch beim Tonband manche Gleichgesinnten zusammen, die gemeinsam ihr Steckenpferd reiten wollen. Mit ihnen sind verschiedene Arten der Zusammenarbeit möglich; einmal ganz allgemein der Erfahrungsaustausch, des weiteren gemeinsames Herstellen von Hörspielen und ähnlichem, worüber später noch zu sprechen sein wird, aber auch eine Art tönender Briefwechsel. Hierbei reicht

Ordnungsgemäße Anschrift für eine Wirtschaftsdrucksache. So können Tonbänder und Kassetten innerhalb der DDR verschickt werden.

dieses Gebiet vom einfachen gesprochenen Brief bis zum Austausch besonders interessanter Aufnahmen. Im einzelnen kann an dieser Stelle kein Rezept für den Inhalt gegeben werden, dazu sind die Möglichkeiten zu vielfältig, aber einiges Prinzipielle doch.

Zunächst müssen wir untersuchen, ob unser Partner mit unseren Bändern etwas anfangen kann. Sein Gerät muß über gleiche Bandlaufgeschwindigkeiten verfügen, denn selbst der gewiefteste Tonbandler wird sich aus einem mit anderer Geschwindigkeit laufenden Band kaum zusammenreimen können, was der andere denn nun eigentlich sagen will. Ist aber die Geschwindigkeit gleich, steht dem Abspielen nichts mehr im Wege, und wir können unserem Freund ein Band schicken. Kassetten stimmen immer überein. Innerhalb der DDR sind Tonbänder als Wirtschaftsdrucksache zu frankieren; im grenzüberschreitenden Postversand sind Tonbänder und Kassetten wie andere Geschenksendungen zu behandeln. Bei Kassetten bereitet die Verpackung in der zugehörigen Schachtel kaum Schwierigkeiten. Der Partner wird sich sicherlich über ein recht originelles Band mit vielen Einfällen freuen. Leider hapert es auch damit häufig. Ähnlich wie bei den immer wiederkehrenden Nun-sag-doch-mal-was-Aufnahmen finden wir bei Tonbriefen den Anfang nach folgendem Schema:

»Hallo, hallo, hier spricht Alfred Schulze, Al – fred – Schul – ze, ich rufe Helmut Müller, Hel – mut – Mül – ler, hörst – du – mich?? Ich – grüße – dich – herzlich …«

Armer Empfänger Helmut, er wird das Band ganz bestimmt mit höchstem Interesse abspielen!

Wortwiederholungen in dieser Form mögen bei Funkamateuren berechtigt sein, wenn durch viele atmosphärische Störungen die Verständlichkeit sehr zu wünschen übrig läßt. Im Zeichen eines modernen Bandgeräts ist das aber purer Unsinn. Besprechen Sie Ihr Briefband klar, mit guter Aussprache und flüssig, ohne vermeidbare Kunstpausen. Ein kleines Stichwortmanuskript hilft gegen das Fadenverlieren. Aber möglichst nicht ablesen! Helmut will doch kein Referat hören! Recht nett ist es, wenn Sie Ihrem Band ein akustisches Kennzeichen voraussetzen. Im einfachsten Fall kann das ein Melodieanfang sein, ähnlich dem Pausenzeichen beim Rundfunk,

Schwenkschachtel für Tonbänder

Kassettendose

nicht zu lang, maximal 5...8 s. Geeignete Melodien gibt es eine Menge, z. B. die ersten Takte aus dem Einzug der Gäste auf der Wartburg (Wagner, *Tannhäuser*), Die Heimat hat sich schön gemacht (Natschinski, aus dem Film *Blaue Wimpel im Sommerwind*), Dominant-Septim-Akkord mit Auflösung oder auch einfache, selbsterdachte Tonfolgen. Wenn wir selbst nicht so musikalisch sind, auf einem Instrument den Vorspann zu spielen, so ist es trotzdem ganz einfach, zu einem Kennzeichen zu kommen. Gefällt uns ein Stück, das wir dafür aus unserem Plattenarchiv ausgesucht haben, spielen wir das jedesmal an den Anfang des Briefbandes um. Gegebenenfalls machen wir, um die Platte zu schonen, ausnahmsweise einen doppelten Umschnitt: Zunächst von der Platte aufs Band, und dieses Band schneiden wir auf das Briefband.

Nun einige Tips dafür, wie man auch bei Mikrofonaufnahmen zu befriedigenden Resultaten kommen kann. Ebenso wie bei den Rundfunkmitschnitten zeigt das Aussteuerungsinstrument an, ob die Lautstärke richtig gewählt wurde. Dabei kommt aber ein wichtiger Faktor hinzu. Wir stellen schnell fest, daß ein kurzer Sprechabstand zum Mikrofon eine größere Aussteuerung bewirkt als ein weiter – gleiche Lautstärkeeinstellung am Regler des Geräts vorausgesetzt. Nun erlauben gute Mikrofone einen Sprechabstand von mehreren Metern, ohne daß zu leise Aufzeichnung die Folge wäre. Also haben wir zwei

Möglichkeiten: kleine Aufnahmeentfernung mit wenig aufgedrehtem Regler und große Entfernung mit Einstellung des Reglers auf laut. Was ist nun richtig? Bitte probieren Sie selbst. Sie werden folgendes feststellen. Je größer der Sprechabstand, desto mehr Nebengeräusche kommen mit auf das Band, außerdem klingen solche Aufnahmen bei normalen akustischen Raumverhältnissen, wie sie in unserer Wohnung herrschen, etwas hallend und voller. Das kann manchmal sogar Vorzüge haben, besonders bei Aufnahmen von Sängern mit etwas dünner Stimme. (Rundfunk und Fernsehen helfen oft in ähnlicher Weise nach, wenn die Interpreten keine sehr tragende Stimme besitzen.) Die Halligkeit *(Nachhall)* vermittelt auch den Eindruck eines größeren Raumes. Wir müssen daran denken, daß die Tonaufzeichnung nur akustisch wahrgenommen wird. Wir erkennen die äußeren Umstände demnach nur durch den Klangeindruck. Das merken wir uns, falls später einmal ein Märchen oder auch eigene Hörspiele gestaltet werden sollen. Sehr lästig macht sich die Halligkeit aber bemerkbar, wenn man das Mikrofon nur in einem relativ großen Abstand zum Sprechenden aufstellen kann. Das kommt, um ein Beispiel zu nennen, häufig bei Aufzeichnungen von Rund-Tisch-Gesprächen vor. Dabei entstehen Nachhallverhältnisse, die das Gesprochene mitunter sogar unverständlich machen. Sollen derartige Aufnahmen in vertretbarer Qualität gelingen, erfordert das wohlüberlegte Wahl eines Raumes mit wenig Nachhall. Gerade das erweist sich aber oft als sehr schwierig. Ich komme darauf noch einmal zurück.

Betrachten wir nun den umgekehrten Fall. Das Mikrofon steht sehr nahe beim Sprecher. Unter den Verhältnissen, wie sie der Amateur vorfindet, klingt das meist besser, zumindest natürlicher. Nachhallprobleme gibt es nicht mehr, auch unvermeidbare Nebengeräusche (eindringender Straßenlärm, Hörbares aus Nebenwohnungen und ähnliches, das man nicht beeinflussen kann) stören nicht mehr. Aber bei Beteiligung von mehreren Sprechern tauchen Schwierigkeiten auf. Ungleiche Sprechabstände bedeuten auch ungleiche Aufnahmelautstärken, deshalb muß man das Mikrofon entweder dem jeweiligen Sprecher vorhalten, oder der Sprecher muß vor das Mikrofon treten. Beides ist nicht gerade bequem, aber bei geringem Abstand und mehr als drei Sprechern kommen wir nicht umhin, einen dieser Wege zu wählen. Halten wir das Mikrofon unmittelbar vor den Mund, leidet die Natürlichkeit wieder. Sollten Sie das gerade im Fernsehen bei einem Schlagersternchen gesehen haben, nehmen Sie sich's *nicht* zum Vorbild, denn die nutzen gerade die abstandsbedingten Lautstärkeunterschiede zur Unterstützung ihrer Gesangsdynamik. Die Interpretenmikrofone erlauben im allgemeinen auch kürzeste Sprechabstände. Amateurmikrofone reagieren aber oft mit einem »quäkigen« Ton. Einen Jahrmarkt-Tombolaausrufer wollen Sie sich doch sicherlich nicht zum Vorbild nehmen? So ähnlich klingt das nämlich häufig bei der Wiedergabe. Das hat mit Übersteuerung gar nichts zu tun. Dieser Klang wird vielmehr durch übertriebene Höhenwiedergabe bei extrem kurzen Sprechabständen verursacht. Einige Amateurmikrofone neigen zu dieser Eigenschaft. Sie lernen sicher schnell, den günstigsten Sprechabstand einzuhalten. Für einen Solisten, wenn Sie also allein ins Mikrofon sprechen oder singen, liegt die beste Mikrofonentfernung durchschnittlich zwischen 25 cm und 70 cm. Dieser Abstand läßt sich auch fast immer bei zwei und drei Personen einhalten. Beachten Sie dann aber, daß die Abstände auch wirklich annähernd gleich bleiben, sonst erweckt der Klang den Eindruck, daß die Person mit größerem Abstand viel weiter entfernt stehe.

In diesem Zusammenhang noch ein Wort zur automatischen Aussteuerung. Es gibt Situationen, in denen wir das Aussteuerungsinstrument nicht beobachten können. Ein Beispiel: Sie möchten Ihr Bandgerät als akustisches Notizbuch in einer Beratung benutzen. Die Konzentration auf die Gesprächspartner gestattet es nicht, die Lautstärke laufend zu kontrollieren und einzustellen, und der Sprechabstand wird auch einmal größer, einmal kürzer sein. Hier ist die Automatik eine große Hilfe. Sie werden feststellen, daß damit das Bandgerät alles gut verständlich aufzeichnet. Hier spielt die Dynamik ja auch keine Rolle.

Sehr ungünstig sind die automatischen Aussteuerungen der Recorder, man findet sie sogar manchmal bei moderneren Sets oder Kompaktanlagen, bei denen sich die Automatik nicht abschalten läßt. Musikaufnahmen bekommen dann oft eine mangelhafte Dynamik, und zum Beispiel Hausmusik bildet für viele doch eine Form der Freizeitgestaltung, die festzuhalten lohnt. Manche derartige Aufnahme besitzt später viel höheren ideellen Wert als der beste Rundfunkmitschnitt. Selbstverständlich stellen wir hierbei nicht nur Ansprüche an unser musikalisches Können. Die Aufnahmen sollen auch technisch-akustisch einwandfrei sein. Hausmusik, dieser Begriff birgt so vieles in sich und reicht vom Blockflötenspiel über zahlreiche andere Blasinstrumente bis zu Geige, Cello, Klavier und Elektronenorgel. Für jedes Instrument gilt es die besten Aufnahmebedingungen zu finden. Wir verfügen nun einmal nicht über ein technisches Arsenal, wie es Rundfunk- und Schallplattenstudios besitzen, sondern müssen uns mit unseren Geräten begnügen. Und doch, es erweckt oft Staunen, wie gut solche Tonaufnahmen gelingen. Beschränken wir uns auch hier zunächst nur auf Monoaufzeichnungen.

Nicht immer kann man sich den Aufnahmeraum aussuchen: Ein Klavier umherzuschleppen ist eben nicht jedermanns Sache. Aber günstig wird in jedem Fall ein wenig hallender Raum sein. In Wohnungen wählen wir möglichst ein Zimmer mit Polstermöbeln und Teppich, das dämpft genügend, wie es schon für die Wiedergabe eingangs empfohlen wurde. In Klubhäusern kann man meist etwas Ähnliches aussuchen, z. B. einen Gesellschaftsraum. Das Mikrofon kommt zweckmäßigerweise auf ein Stativ. Amateurmikrofone sind fast durchweg mit Gewinden ausgestattet, die zu Fotostativen passen. Ein Fotostativ genügt auch immer, seine Form spielt keine Rolle. Es soll sich nur wenigstens so weit ausziehen lassen, daß die Einsprechöffnung des Mikrofons eine Höhe von 1,50 m erreicht, und es muß fest stehen. Wackeln verursacht Geräusche. Umfallen kann das Mikrofon kosten. Achten wir also auf Standfestigkeit besonders gut. Die üblichen Dreibeinstative sichert man durch eine einfache Schnur um das Ende der Beine vor dem durchaus unerwünschten Spagat. Für die Mikrofonaufstellung gibt es ein paar Grundregeln, die aber nicht als Dogma gelten dürfen. Im Gegenteil, oft führen gerade Variationen dieser Regeln zu besserem Erfolg, sie sollen daher als Anregung aufgefaßt werden:

Bei Blasinstrumenten jeder Art soll das Mikrofon etwa in der Verlängerung der Öffnungsachse stehen. Die Entfernung hängt von der Lautstärke ab. Für eine Blockflöte dürften rund 50 cm richtig sein, Blechblasinstrumente vertragen das Dreifache. Zu kurze Entfernung birgt die Gefahr, daß Anblasgeräusche, wie bei Flöte oder Klarinette, als ein scheinbar unerklärliches kurzes Zischen zu hören sind, kräftige Trompetenstöße können manches Mikrofon verstopfen: Die starken Schallschwingungen übersteuern das Mikrofon mechanisch, die Membrane kann den Schwingungen nicht mehr folgen, und als Ergebnis bekommen wir ein schauerliches Krächzen auf das Band.

Streichinstrumente nehmen wir so auf, daß der Instrumentenkörper etwa im rechten Winkel zum Mikrofon steht, meist wirkt der Klang so am vollsten. Auch hier kann zu kurzer Mikrofonabstand unangenehme Folgen haben, indem das Anschwingen (besonders von Metallsaiten) eine Art Kratzgeräusch verursacht. Bei Klavieraufnahmen lassen wir, wenn möglich, das Instrument geschlossen. Man kann das Mikrofon daraufstellen, muß aber eine weiche Unterlage benutzen (Filzunterlage einer Schreibmaschine, Schaumstoffkissen o. ä.), sonst wird mehr der Körperschall des Instruments übertragen als der Luftschall, das klingt anders. Natürlich kann man auch das einmal versuchen. Bei elektronischen Instrumenten probieren wir zweierlei. Einmal nehmen wir die Musik – wie bei den klassischen Musikinstrumenten –

mit dem Mikrofon auf, indem wir es vor den Lautsprecher stellen. Beim zweiten Versuch nehmen wir den Ton über ein entsprechendes Kabel direkt elektrisch ab (die meisten elektronischen Musikinstrumente haben einen speziellen Anschluß für Bandaufzeichnungen). Die Mikrofonaufnahme hat auf jeden Fall mehr Atmosphäre, dagegen fällt die direkte Aufnahme meist brillanter aus. Anschließend können wir entscheiden, was uns besser gefällt.

Bei mehreren Instrumenten richten wir uns mit dem Aufstellen des Mikrofons erst einmal nach dem lautesten oder nach dem für die Darbietung wichtigsten, z. B. dem eventuellen Soloinstrument. Die Aufnahmelautstärke regeln wir nach dem ersten Instrument am Bandgerät ein und verändern sie dann *nicht* mehr. Alle weiteren Instrumente erhalten einen Platz so nahe am Mikrofon, daß sie bei der gegebenen Aufnahmelautstärke mit jeweils mittlerer Aussteuerung aufgenommen werden. Diese Plazierung muß man für jedes Instrument einzeln testen. Spielen am Ende probeweise alle zusammen, ergibt sich meist das gewünschte Klangbild, notfalls kann man es durch leichtes Verrücken der einzelnen Instrumente gegeneinander noch etwas korrigieren. Ich will nicht verschweigen, daß derartige Aufnahmen ein kleines Kunststück sind: Was der Tonmeister im Studio durch einfaches Regeln einzelner Mikrofone erreichen kann, bedeutet bei uns, Musikanten und Instrumente hin-, her- und umzusetzen. Sollen außerdem auch noch Sänger mitwirken, behandeln wir sie ausnahmsweise auch einmal als »Instrument« und weise ihnen ihren Platz zuletzt zu.

Einen Sonderfall bildet ein Sänger (oder eine Sängerin natürlich), der sich auf einem Instrument selbst begleitet. Dabei gilt es zu beachten, daß der Gesang dominiert und das Instrument wirklich nur begleitet. Das Mikrofon muß also, einfach gesagt, näher zum Mund. Gitarrenspieler setzen sich dabei am besten, und das Mikrofon kommt in Mundhöhe. Auch hier ist es besser, die Entfernung auszuprobieren, weil sie wesentlich von den stimmlichen Qualitäten des Sängers abhängt.

Immer wieder werde ich gefragt, ob sich eigene Stereoaufnahmen lohnen. Aber das läßt sich nicht mit Ja oder Nein beantworten. Darum hierzu einige Bemerkungen. Zunächst brauchen Sie zwei identische Mikrofone, je höher deren Qualität, desto besser. Und noch ein kleiner technischer Hinweis. Manche Stereogeräte haben nur *eine* Mikrofon-Anschlußdose. Es geht trotzdem. Wie in der Aufstellung auf Seite 133 angeführt, sind bei Stereomikrofonen mit zwei Systemen die Steckeranschlüsse an 1 (links) und 4 (rechts) sowie an 2 (Masse) geschaltet. Wenn Ihr Bandgerät also nur *einen* Mikrofonanschluß hat, erhalten Sie in Stereostellung bei dem Anschluß eines üblichen Monomikrofons eine Aufzeichnung nur des linken Kanals. Wollen Sie nun zwei Monomikrofone für eine Stereoaufnahme anschließen, brauchen Sie sich nur ein Zwischenglied zu basteln: Ein Diodenstecker wird mit zwei Diodenkupplungen so verbunden, daß der Steckeranschluß 1 mit dem Kupplungsanschluß 1 der einen – das ist dann der linke Kanal – und der Anschluß 4 des Steckers mit 1 der zweiten Kupplung zusammengeschaltet ist. Die Anschlüsse 2 aller drei Bauteile werden mit Masse (= Abschirmung) verlötet. Im Bastelteil ist das noch einmal dargestellt. Sie brauchen das aber nur im genannten Fall; sind nämlich – wie meist – *zwei* mit rechts und links bezeichnete Dosen vorhanden, steht dem Anschluß von zwei üblichen Monomikrofonen auch ohne Hilfsadapter nichts im Wege, denn welcher Amateur besitzt schon ein (sehr teures) Stereomikrofon?

Am einfachsten ist dann ein *Dialog der Lautsprecher*, obwohl das noch keine ganz echte Stereoaufnahme bildet. Jeder Partner spricht in eins der Mikrofone. Bei der Wiedergabe kommt dann die Stimme jedes Sprechers aus seinem Lautsprecher. Das kann ganz lustig sein. Sie können sich auch mit sich selbst unterhalten, indem Sie abwechselnd ins eine und andere Mikrofon sprechen: Dialog sprachlicher Zwillinge.

Manchmal sind zwei Mikrofone auch für Stereoaufnahmen eines Rund-Tisch-Gesprächs angebracht. Der Aufwand scheint für diesen Zweck zunächst einmal übermäßig hoch, doch können störende Nebengeräusche oder ein halliger Raum bei Monoaufnahmen bewirken, daß der Abhörende später große Schwierigkeiten mit der Verständlichkeit hat. Stereoaufnahmen sind jedoch bei Sprachaufnahmen ebenso durchsichtig wie Musikaufnahmen. Probieren Sie ruhig einmal!

Hausmusik läßt sich natürlich ebenfalls stereo aufnehmen. Ob man mit zwei Tonquellen, das heißt, zwei Instrumenten oder einem(er) Sänger(in) und einem Instrument, wie beim Dialog der Lautsprecher verfährt oder die Mikrofone in einiger Entfernung nebeneinander aufstellt und dann eine Stereoaufnahme einer Gruppe, wie Chor oder kleinem Instrumentenklangkörper, versucht, das heißt's wieder ausprobieren. Raumakustische Zusammenhänge – großer Raum, kleiner Raum, großer oder kleiner Nachhall – spielen unter Umständen für das Ergebnis eine sehr wesentliche Rolle. Das läßt sich hier nicht vorhersagen. Mit mehreren Mikrofonen zu arbeiten bedeutet aber nicht unbedingt, daß eine Stereoaufnahme entsteht. Probieren Sie auch einmal, mit zwei Mikrofonen mono aufzunehmen. Dazu brauchen Sie allerdings noch einen Mixer, um die Tonspannungen der Mikrofone mischen zu können. Mitunter läßt sich dabei die Klarheit einer Aufnahme erheblich verbessern.

Gewisse Delikatessen

Wenn Sie sich länger mit Tonbandaufnahmen beschäftigt haben, werden Sie recht schnell zu dem Ergebnis kommen, daß nicht nur die simplen Sag-mal-was-Aufnahmen langweilig werden, sondern auch Kleininterviews, Dialoge einfacher Art und anderes Ähnliches. Aufhören mit Aufnehmen? Dann wären Sie kein Tonfan. Natürlich setzen Effekte, knifflige Aufnahmen oder auch gewisse Tricks etwas mehr voraus als nur Bandgerät und Mikrofon, aber das gerade macht Spaß, dabei erfinderisch – heute sagt man wohl kreativ – zu sein.

Die frühere Bemerkung über die akustische Eignung des Aufnahmeraumes brauche ich nicht zu wiederholen. Darum hier noch ein paar zusätzliche Tips.

Wer über die räumlichen Möglichkeiten dafür verfügt, kann sich ein regelrechtes Kleinstudio aufbauen. Am besten werden dann der Raum mit dem Mikrofon und der mit den übrigen Geräten durch eine Wand getrennt, in der sich ein Fenster befindet. Entsprechende Einrichtungen hat auch der Rundfunk. Dabei kann der Sprecher freilich nicht mehr gleichzeitig die Geräte bedienen. Alle Hantierungsgeräusche werden aber durch die Trennwand vom Mikrofon ferngehalten. Es muß ja auch nicht immer eine massive Mauer sein, die Technik und Sprecher trennt. Eine Durchreiche zwischen Küche und Wohnzimmer, eine Tür mit Fensterglasfüllung, ja selbst ein verglaster Raumteiler tun fast die gleichen Dienste und gestatten gegenseitiges Beobachten. So sind Zeichen und Hinweise möglich. Eine kleine optische Signalanlage mit Drucktasten und Lämpchen, die im Bastelteil genauer beschrieben wird, macht alles komplett. Letztere ist unbedingt nötig, wenn die baulichen Verhältnisse direkte Sicht nicht zulassen, z. B. dann, wenn man zwei Zimmer benutzt. Der Raum, in dem sich das Mikrofon befindet (dabei ist es gleichgültig, ob auch die Geräte noch mit darin stehen), soll gute Hörsamkeitseigenschaften haben. Soll der Raum ganz *schalltot* werden, helfen Tischtücher, Wolldecken an der Wand, Fenstervorhänge usw. Auch rauhe Tapeten tragen zur Nachhallminderung bei. Wenn wir uns Gelegenheit verschaffen wollen, die Klangeigenschaften des Zimmers zu variieren, gibt es einfache und wirksame Mittel: Möglichst große Holzrahmen, die natürlich noch durch die Tür passen sollen, werden mit schallschluckendem Material benagelt. Das können billige Decken oder andere Stoffe sein, Wellpappe oder schwach gepreßte Holzwolleplatten, wie man sie auch zur Schallisolierung von Barackenwänden nimmt. Vorzüglich sind die Eierkistenpappeinsätze. Ihre filzige Weichheit in Verbindung mit der geprägten Oberfläche kommt uns sehr zustatten. Solche transportablen Flächen stellen wir vor unsere Zimmerwand, bei Wellpappe die gewellte Seite zur Mitte, die glatte zur Mauer.

Ausgezeichnete Schallschluckeigenschaften zeigt auch Polyurethan-Schaumstoff.

Haben wir den Nachhall beseitigt, können wir selbst aus einigen Metern Entfernung zum Mikrofon sprechen, ohne daß die Hörsamkeit beeinträchtigt wird. Vornehmlich bei der Schalldämpfung durch Gewebe tritt eine Eigentümlichkeit auf, die wir gelegentlich ausnutzen können: sie schlucken hohe Töne stärker als tiefe. Beim Vergrößern des Sprechabstands zum Mikrofon erscheint der Klang merklich dunkler. Ist das ohnehin erwünscht, sprechen wir von der Seite her ins Mikrofon. Dann macht sich eine gewisse Höhenbeschneidung auch schon in der Nähe bemerkbar, und der Nah-Weit-Unterschied fällt nicht mehr so auf.

Wie im Festsaal

Sicher haben Sie auch schon einmal überlegt, wie man einen Halleffekt erzeugen kann, der beispielsweise bei einigen Schlagern so eine Art Tüpfelchen aufs i setzt. Auch das ist nicht schwer. Dafür brauchen wir das Umgekehrte, einen Raum mit stärkerem Nachhall. Steht uns nur ein Mikrofon zur Verfügung, so wird zunächst aus der Nähe (30...50 cm Abstand) gesprochen oder gesungen. Dann zieht ein Helfer das Mikrofon weiter weg. Die verminderte Aufsprechstärke kompensiert man gleichzeitig mit dem Lautstärkeregler. Zwangsläufig wird nun der Nachhall stärker aufgenommen. Allerdings muß man bei diesem Vorgang mitunter lange probieren, bis ein befriedigendes Ergebnis vorliegt.

Besser geht es mit zwei über einen Mixer gemeinsam auf den Eingang geschalteten Mikrofonen. Das eine Mikrofon befindet sich wieder nahe beim Sprecher, in nicht mehr als 50 cm Entfernung. Das zweite dagegen stellt man möglichst weit weg auf, je weiter, desto besser. Ein Richtmaß anzugeben ist schwer, weil es ja meistens auf die räumlichen Bedingungen ankommt. Dann verfährt man so: Zunächst Mikrofon 1 einschalten und aussteuern, Mikrofon 2 bleibt unbenutzt. Nach und nach blendet man nun Mikrofon 1 etwas zurück und Mikrofon 2 ein. Der Halleffekt wird um so stärker, je größer das Lautstärkeverhältnis Mikrofon 2:Mikrofon 1 ist. Der höchste Wert ergibt sich bei ausschließlicher Aufnahme über Mikrofon 2. Das ist aber fast schon viel zuviel. Die Verbesserung gegenüber der Methode mit einem Mikrofon liegt darin, die Wirkung ausschließlich auf elektrischem Weg hervorzurufen. Das Einstellen geht außerdem viel leichter, und selbst bei starkem Halleffekt bleibt die Verständlichkeit gut. Daß der Equalizer, wenn er sich entsprechend anschalten läßt, ebenfalls bestimmte Klangeffekte auslösen kann, sei hier nur zur Ergänzung erwähnt, das muß man einfach ausprobieren.

Ein Charakter des Klangs »wie im Keller« kommt bei Amateuraufnahmen und besonders bei hohen Zimmern nie ganz hin. Dann hilft ein geräumiger leerer Schrank, in den sich der Sprecher mit dem Mikrofon verzieht. Aber aufpassen, daß der Schrank nicht knarrt!

Nun ist es an der Zeit, etwas über das Tonmischen zu sagen, das ja vielfältig notwendig werden kann. Der Mixer wurde schon erwähnt. An ihm lassen sich mehrere Tonquellen anschließen und auf einen gemeinsamen Tonausgang führen, dort erhalten wir das gemischte Signal. Es hat sich bewährt, Mixer und nachgeschaltetes Gerät so einzustellen, daß letztgenanntes bei voll aufgedrehtem oder gezogenem Mixerregler gerade voll ausgesteuert wird. Das heißt also, wenn ein Plattenspieler über einen Mixer an einen Verstärker oder ein Bandgerät angeschlossen wird, regelt man den Mixer auf volle Lautstärke bis zum Anschlag und das angeschlossene Gerät dann auf Vollaussteuerung. Prinzipiell hat das den Vorteil, daß man am Mixer keine Reglerstellung ausführen kann, die zu einer Übersteuerung führt. Hierbei gibt's natürlich gegebenenfalls Differenzen, denn die Tonausgangsspannungen sind nicht alle gleich hoch, wenn mehrere Geräte an den Mixer geschaltet werden. In solch einem Fall richtet man die genannte Stellung für das am häufigsten geregelte Gerät ein. Um Brumm- und Störerscheinungen so gering wie möglich zu halten, werden beim Betrieb alle nicht benutzten Eingänge des Mixers auf Null gestellt.

Achten Sie auch darauf, daß Sie die jeweils richtige Anschlußbuchse benutzen, nur dann können Sie am Mixerausgang bei gleicher Reglerstellung im wesentlichen auch die gleichen Tonspannungen abnehmen; normalerweise ist der Mikrofoneingang der empfindlichste mit der größten Verstärkung, der Phonoeingang der unempfindlichste mit der geringsten Verstärkung. Moderne Mixer sind stereotüchtig, es lassen sich also auch Stereoübertragungen mixen, und man kann sie ebenfalls als

Monomixer benutzen. Reine Monomixer hingegen erlauben keine Mischung von Stereosignalen. Ebenso finden sich auf modernen Mixern statt mehr oder minder willkürlichen Zifferneinteilungen der Reglerstellungen jetzt oft Dezibel-(≙ dB)-Einteilungen. Das schafft klare Verhältnisse, denn 10 dB mehr oder weniger bedeuten doppelte bzw. halbe Lautstärke.

Eine Art Ersatz des Mixers bietet die bereits erwähnte Tricktaste. Beim Drücken – Bandgerät in Aufnahme – geschieht weiter nichts, als daß der Löschkopf abgeschaltet wird. Die bisherige Aufzeichnung bleibt also auf dem Band, und wir können zusätzlich eine weitere Aufzeichnung machen. Lediglich der Vormagnetisierungsstrom bewirkt das Absinken der Lautstärke bei der bereits vorhandenen Aufzeichnung. Man könnte, um ein Beispiel zu nennen, in ein Musikstück einen Kommentar einfügen, wobei die Musik an den Kommentarstellen etwas leiser wird. Da es keiner zusätzlichen Geräte bedarf, ist das Ganze technisch äußerst einfach. Nun kommt, wie gewohnt, das Aber: Man kann so etwas mit einer Bandaufzeichnung nur einmal machen. Mißglückt die Einblendung, wird die gesamte Aufnahme unbrauchbar. Ich benutze darum niemals die Tricktaste, die man bei Recordern ohnehin fast ausnahmslos vergeblich sucht, sondern immer einen Mixer. Sollte man die gemischte Aufnahme damit verpfuschen, steht die ursprüngliche Aufzeichnung zur Wiederholung immer aufs neue zur Verfügung.

Fast wie beim Rundfunk

Wollen wir uns einmal auf dem Gebiet Hörspiel versuchen? Mancher meint zwar, das sei im Zeitalter des Fernsehens doch ganz altmodisch. Gemach, es gibt noch viele Anhänger des Hörspiels, und besonders selbstgestaltete machen viel Vergnügen. Im allgemeinen bedarf es dazu weniger Voraussetzungen. Zwei bis drei Sprecher genügen sicher für den Anfang, und wenn wir uns nicht zu viel vornehmen, ist so etwas auch nicht schwer. Blättern wir einmal in einem Märchenbuch. Dort finden wir Möglichkeiten in Hülle und Fülle. Märchen eignen sich für unser Privatstudio aus zwei Gründen besonders gut. Erstens haben sie eine einfache, übersichtliche Handlung, und zweitens läßt sich ein Märchenhörspiel meist technisch einfach bewältigen. Ehe wir selbst an die Gestaltung gehen, hören wir uns im Radio einige Kinderstunden mit Märchen an. Für die Darbietung gibt es mehrere Varianten: Im einfachsten Fall wird das Märchen vorgelesen bzw. erzählt. Mit so etwas fangen wir zur Schulung der guten Aussprache am besten an. Als nächste Variante wird die Erzählung durch Teildarstellungen unterbrochen. Aufs Erzählen verlegen wir uns dabei an den Stellen, die akustisch schwer darzustellen sind: »Es war einmal ein Mädchen, das trug immer ein rotes Käppchen, darum nannten es alle Menschen Rotkäppchen.« Das kann man nur erzählen. Doch sein Verhalten im Wald läßt sich akustisch darstellen, ebenso die Dialoge zwischen ihm und dem Wolf usw. Viele Märchensendungen sind so aufgebaut. Eine weitere, anspruchsvolle Möglichkeit sind dann die durchweg gespielten Märchen. Solche Märchenhörspiele bedürfen allerdings einer speziellen Aufbereitung, damit akustisch alles verständlich erscheint. Diese Aufbereitung nennt man Dramaturgie. Ähnlich wie es der Rundfunk mit Hörspielen der beiden letztgenannten Varianten hält, kann man sich einmal Märchen aufbereiten. Sprecher zu finden ist nicht schwer. Es macht Spaß, und Familienmitglieder, Verwandte, Freunde und Kollegen lehnen selten ab, wenn man sie zum Mitmachen auffordert. Erfahrungsgemäß haben vor allem Kinder an solchen selbst aufgenommenen Märchen ihre helle Freude. Ein weiterer Schritt wäre es dann, Märchen und Geschichten selbst zu erfinden. Überfordern Sie sich dabei nicht, dann werden Sie auch die Lust dazu nicht so schnell verlieren. Später, mit einiger Erfahrung auch auf technischem Gebiet, können Sie sich an schwierigere Aufgaben wagen, Geräusche und Musik mitverwenden. Das gehört schon zur hohen Schule des Tonbandhobbys.

Hier komme ich wieder auf die Frage zurück, ob in diesem Zusammenhang Stereoaufnahmen sinnvoll erscheinen. Klar, es macht schon etwas aus, wenn Rotkäppchen und der Wolf aus zwei verschiedenen Lautsprechern sprechen (Dialog – siehe oben), aber hierzu gleich ein meines Erachtens sehr wichtiger Hinweis: Je mehr an Technik Sie sich zumuten, um so schwieriger werden die Aufnahmen. Das kann sich dann sehr ungünstig auf die Qualität der Darbietung selbst auswirken. Und ich finde, eine technisch *und* gestalterisch gute Monoaufnahme ist weitaus mehr wert als ein dilettantischer Stereoversuch.

Ein Mensch und viele Stimmen

Großen Spaß machen Aufnahmen, bei denen wir mit uns selbst zwei- oder dreistimmig singen, zu einer bereits vorhandenen Orchesteraufnahme unseren Gesang beisteuern oder auch mehrere allein gespielte Instrumente zu einem Orchester vereinigen. Die folgende Beschreibung gilt sinngemäß für alle derartigen Versuche. Wir brauchen dazu allerdings zwei Bandgeräte mit Kopfhöreranschluß und ausgezeichneten akustischen Eigenschaften nebst einer Mischvorrichtung. Zunächst besingen wir ein Band mit der 1. Stimme. Dieses Band wird abgespielt und über den Mischer auf das zweite Gerät umgeschnitten. Wir hören uns das dann im Kopfhörer an und singen über den zweiten Eingang des Mischpults gleichzeitig die 2. Stimme. Das nennt man *Playback*. Diese zweistimmige Aufnahme kann mit der 3. Stimme zusammen noch einmal umgeschnitten werden, das Ergebnis ist dann dreistimmig. Theoretisch könnte man das beliebig oft wiederholen. Die Güte der Geräte und des Bandes bestimmen, wie weit wir es zu treiben ver-

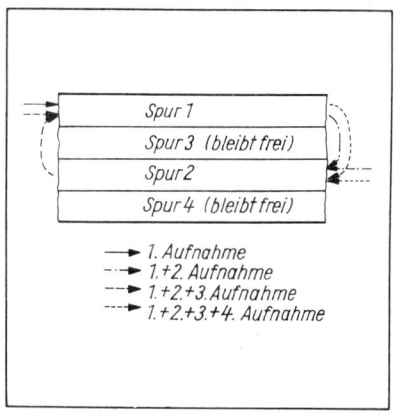

1. Aufnahme
1.+2. Aufnahme
1.+2.+3. Aufnahme
1.+2.+3.+4. Aufnahme

Vorgang beim Multiplayback (Spulenband). Es verläuft beim Kassettenband sinngemäß. Allerdings wird wegen der Qualitätseinbuße bei Kassettenbändern meist auf diese spezielle Aufnahmetechnik verzichtet.

mögen (*Multiplay* oder *Multiplayback*). Es frappiert, wenn man solche Aufnahmen hört.

Sehr elegant kann man das Playback mit einem modernen Vierspurgerät lösen. Hierbei braucht man kein zweites Gerät, sondern geht wie folgt vor: Die erste Aufnahme erfolgt auf Spur 1. Diese Aufnahme hören wir dann im Kopfhörer ab, überspielen sie gleichzeitig auf Spur 2 (die beiden Rücklaufspuren interessieren in diesem Fall nicht) und mischen dabei den neuen Ton ein. Das wird abgehört. Hat es geklappt, spielt man nun das Mischband (Spur 2) auf die Spur 1 zurück und mischt wieder neu dazu. Das kann solange wiederholt werden, wie es die Qualitätsansprüche zulassen. Eine Wiederholung des letzten Überspiels ist bei einem Mißgeschick immer noch einmal möglich. Der Nachteil besteht darin, daß die Uraufnahme beim zweiten Überspielvorgang gelöscht wird, eine Gesamtwiederholung schließt deswegen aus. Wenn es erreichbar ist, benutzen wir für das Überspielen ein zweites Bandgerät und sichern damit das Urband. Das Bild zeigt den Vorgang zum besseren Verständnis noch einmal schematisch. Die Spuren sind hier in der Reihenfolge von oben nach unten 1-3-2-4 gezählt, damit gehören 1 und 2 zum Vorlauf, 3 und 4 zum Rücklauf. In anderen Veröffentlichungen werden die Spuren mitunter auch 1-2-3-4 genannt, das ist aber für den Vorgang bedeutungslos.

Sinngemäß läßt sich das natürlich auch mit einem Stereo-Recorder machen, sofern er gleichzeitiges Abhören der einen Spur mit Aufnehmen der zweiten Spur gestattet. Um hierbei Enttäuschungen zu vermeiden: Es eignen sich nur ganz hochwertige Recorder mit einem Chromdioxidband dafür, sonst reicht die Klangqualität nach dem zweiten oder gar dritten und vierten Überspiel auch bescheidenen Ansprüchen nicht mehr.

Bereitet ein geeignetes Geschenk nicht öfter einmal Kopfzerbrechen? Wie wäre es dann mit etwas ganz Persönlichem, einer Bandaufnahme, speziell für den Beschenkten angefertigt? Aber wirklich etwas Originelles, Ausgefallenes! Wie vielen macht es Freude, im Frühjahr die Tierstimmen der erwachenden Natur zu belauschen. Bringen wir doch die Natur ins Heim, auch akustisch. Freilich, der Großstadtpark wird kaum Gelegenheit zu seltenen Tierstimmenaufnahmen bieten, wir müssen uns schon etwas weiter hinaus ins Grüne bemühen. Für solche Aufnahmen haben die kleinen Geräte ihre Vorzüge. Wir nehmen einen Kassettenrecorder, der ist am günstigsten, oder ein batteriebetriebenes Kleintonbandgerät für Spulen. Wir brauchen nicht immer ein richtungsempfindliches Spezialmikrofon, dafür aber viel, sehr viel Geduld. Selbstredend kann ein Richtmikrofon sehr nützlich sein, doch bedenken wir den zusätzlichen Ballast beim Tragen. Wo wir nämlich mit unserem Trabi hingelangen, sieht's mit Tierstimmen meist traurig aus (übrigens lohnen Aufnahmen von Motorgeräuschen auch manchmal!). Sogenannte weltabgeschiedene Einsamkeit ist für uns gerade richtig. Wo wir sie finden? Vielerorts. Es gibt noch viele Eckchen, die auch am Wochenende noch nicht von ganzen Völkerstämmen überflutet sind.

Das Abspielen von derartigen Aufnahmen ruft oft Erstaunen hervor. Wie viele Tierstimmen gibt es doch in Wald und Flur, wenn man sie ein bißchen abseits aufspürt. Besonders an Frühlings- und Frühsommertagen frühmorgens, die anderen liegen noch geruhsam im Bett, kann man mit großer Ausbeute nach Hause kommen. Es kostet zwar Überwindung, schon gegen 4 Uhr morgens auf Tonjagd zu gehen, doch es lohnt sich. Man kann dabei auch zweierlei Angenehmes miteinander verbinden: Als Campingfreund ruht man ohnehin öfter am Busen der Natur, und erfahrungsgemäß ist es zeitig frühmorgens auf dem Campingplatz recht ruhig, so daß kaum Nebengeräusche stören. Dann braucht man auch im allgemeinen kein besonderes Richtmikrofon. Will man die Lautäußerungen bestimmter Tiere erjagen, kann ein längeres Mikrofonkabel gute Dienste leisten. Es gestattet uns, das Mikrofon beispielsweise an einen Baum zu hängen. Das stört die Tiere, auch etwas scheuere, nicht. Sicher freut sich der beschenkte Naturfreund sehr über ein Band oder eine Kassette mit morgendlichen Waldgeräuschen. Das Gerät regelt man bei solchen Aufnahmen auf größte Empfindlichkeit, d. h. größte Aufnahmelautstärkeeinstellung ein. Auch die automatische Lautstärkeregelung eignet sich für diese Arbeit. Möglichst windstille Tage bieten die besten Chancen; sicherheitshalber stülpen wir aber einen Schaumstoff-Windschutz über unser Mikrofon, er schützt gleichzeitig vor eventueller Taunässe.

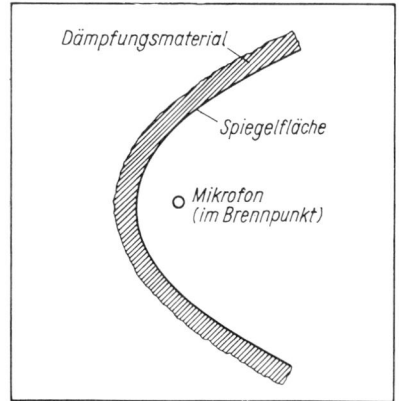

Prinzipaufbau eines Spiegel-Richtmikrofons

In manchen Gegenden, besonders in offenen Landschaften und weiten Wiesen, wo man natürlich auch viele aufnehmenswerte Tierstimmen hört, gibt es oft vielfältige Nebengeräusche. Um zu vermeiden, daß die muhende Kuh beim Vorhalten des Mikrofons ihre feuchtnasse Schnauze daran abwischt oder gar in Erwartung eines besonderen Leckerbissens einmal haps machen möchte, ein Rindvieh frißt fast alles, empfiehlt sich doch ein etwas größerer Aufnahmeabstand. Ich bezweifle auch, daß der brünstig röhrende Hirsch Verständnis für Ihre Aufnahmeabsichten zeigt, wenn Sie sich allzu nahe bei ihm blicken lassen. Kurzum, in solchen und ähnlichen Fällen ist der Aufnahmeabstand im allgemeinen recht groß. Durch Aufdrehen der Lautstärke nehmen leider alle Nebengeräusche im gleichen Maße zu. Das Spiegel-Richtmikrofon, ein parabolischer Hohlspiegel, in dessen Brennpunkt das Mikrofon kommt, leistet bei solchen Gelegenheiten gute Dienste. Der Spiegel einer Heizsonne, aus der man den Glühkörper entfernt hat, oder auch eine ausrangierte Fotoleuchte mit parabolischem Reflektor ist für diesen Zweck recht nützlich. Im Brennpunkt bringen wir das Mikrofon an. Die Richtwirkung überrascht durch ihre Güte: Die Lautstärke nimmt in der »Scheinwerferrichtung« erheblich zu, das zeigt sich allerdings vornehmlich bei höheren Tönen. Sollte der Spiegel Eigenresonanz zeigen und *klingen*, so braucht man auf die Außenseite nur etwas dickes Gewebe, Schaumstoff oder ähnliches schallschluckendes Material zur Dämpfung zu kleben. Eine genaue Bauanleitung dafür kann wegen der unterschiedlichen Ausführung der Reflektoren nicht gegeben werden. Für den Bastler dürfte die Herstellung aber kaum eine Schwierigkeit bedeuten. Je größer die Öffnung des Reflektors, um so besser werden tiefere Frequenzen (Kuh und Hirsch!) bei der Bündelung einbezogen. Deshalb sollten wir keinen *zu* kleinen Reflektor wählen. Bei einem Durchmesser von 1 m liegt die Grenzfrequenz bei etwa 300 Hz, das reicht bestimmt aus, aber auch bei 40 bis 50 cm Durchmesser (Grenzfrequenz ≈ 600 bis 800 Hz) erzielt man noch gute Erfolge mit der Aufnahme von Vogelstimmen, deren wichtigste Frequenzen im allgemeinen um 800 Hz und höher liegen.

Spiegel-Richtmikrofon im Einsatz

Geräusche, Reportagen und noch vieles mehr

Weitere Aufnahmemöglichkeiten bieten zahlreiche Geräusche.

Von Motoren war schon die Rede. Mit transportablen Geräten ist der Aktionsradius praktisch unbegrenzt: Bahnhofsatmosphäre mit Ansagen und Quietschen von Bremsen, der Sportplatz mit den enthusiastischen oder erbosten Stimmen des Publikums; Straßenverkehr mit Autos, Straßenbahnen, vielleicht sogar einem Hupkonzert (wenn wir Glück haben); Tierstimmen im Zoo,

Volksfeste und Großveranstaltungen mit Musik, alles das kann nur eine kleine Anregung sein.

Doch auch viele andere Ereignisse können wir sammeln: Reportagen bestimmter Veranstaltungen im Rundfunk lohnen die Speicherung. Mancher Sportfan wird stolz darauf sein, zahlreiche Mitschnitte von großen Fußballereignissen in seinem Archiv zu haben. Dabei braucht es sich keinesfalls um das ganze Spiel zu handeln: Wir schneiden einfach die wichtigsten Minuten heraus und haben dann die Tore des Jahres auf Band. Oder denken wir an Reportagen von aktuellen Ereignissen, auf diese Weise können wir ganze Zeitchroniken zusammenstellen. Der Vorteil derartiger Mitschnitte: Jedes Bandgerät eignet sich dafür. Gewiß gibt es bestimmte Sendungen, die Sie gern hören, und wenn es der Wetterbericht ist. Lassen Sie auch hier Ihrer Phantasie die Zügel schießen.

Ich nannte schon das akustische Notizbuch, das aber nicht nur tagsüber gute Dienste tut. Wie wäre es, wenn niemand gestört wird, Bandgerät und Mikrofon ans Bett zu stellen und all das, worauf Sie nachts kommen, gleich akustisch festzuhalten? Gar mancher kommt gerade zu nächtlicher Stunde auf allerhand Ideen; diese sind aber schon morgens oft vergessen. So ausgefallen ist dieser Gedanke also gar nicht.

War von der Jagd nach natürlichen Geräuschen die Rede, so sei jetzt an künstliche Geräusche gedacht. Es gehört wohl zu den ältesten Tontricks, Geräusche künst-

Einfachster Realaufbau eines Spiegel-Richtmikrofons

lich herzustellen. Der Platz reicht hier nicht aus, auch nur annähernd vollständig aufzuzählen, was an Schallereignissen man künstlich erzeugen und aufnehmen kann.

Einige Beispiele sollen genügen: Regen, dessen Tropfen, Rauschen, Plätschern man auf natürliche Weise nie aufs Band bekommt, erzeugt man mit Reiskörnern, die man sacht in einem größeren Haarsieb schüttelt. Schüsse gibt man mit einer Fastnachtsklatsche ab. Schiffshörner lassen sich mit einer Batterie (leerer!) Weinflaschen verschiedener Größe imitieren, indem man mit herabgezogener Oberlippe hineinbläst, wie man auf einem Schlüssel pfeift. So erhält man auch Lokomotivpfiffe, bloß statt der Flaschen benutzt man 20...30 cm lange, einseitig geschlossene Röhren. Wollen wir eine Telefonstimme nachahmen, haben aber nur ein übliches Amateurmikrofon, so sprechen wir in einen Blechbecher, das Mikrofon halten wir natürlich direkt daneben. Diese Hinweise lassen schon ahnen, wie fein man mit Geräuschen mogeln kann. Abgesehen davon, daß zahlreiche künstliche Geräusche in anderen Publikationen aufgeführt sind, kommt man auf solche Dinge oft durch Zufall. Sagen wir nicht manchmal: »Das klingt ja wie ...« Also nehmen wir's auf. Der Versuch kostet nichts, und häufig bereitet es großen Spaß, wenn ein Zuhörer fragt: »Wie hast du das nur aufgenommen?« Man kann daraus sogar ein kleines Gesellschaftsspiel machen: Rate mal, was das ist! Erstaunlich, wie sehr man häufig aufs Sehen angewiesen ist. Versuchen Sie einmal selbst, ob Sie das Geräusch erkennen, das eine Nähmaschine, ein Haartrockner oder ein Schrubber auf Fliesen erzeugt!

Telefonstimmen – festgehalten

Telefongespräche lassen sich direkt mitschneiden. Hierbei sollte man allerdings zweierlei bedenken. Einmal sind alle Eingriffe in posteigene Geräte grundsätzlich verboten, zum anderen empfiehlt es sich auf jeden Fall, den Partner über die Absicht der Aufzeichnung zu informieren, um später Ärger zu vermeiden (Postgeheimnis!). Am einfachsten ist es, die entsprechende Bemerkung und die Bestätigung des anderen Sprechers mit aufzunehmen.

Wir brauchen dazu einen Telefonadapter, den man mit einem Gummisauger in der Nähe der Sprechspule am Fernsprechgehäuse befestigen kann. Die günstigste Stelle finden wir durch Probieren. Manchmal klappt es auch direkt am Handapparat, auf der Rückseite hinter dem Hörer. In Ermangelung eines Adapters kann man auch einen alten magnetischen Kopfhörer verwenden, aus dem wir eine Membran herausschrauben. Die membranlose Muschel muß in die Nähe der Sprechspule kommen. Das ist auch noch einmal für Bastler weiter hinten genau beschrieben. Nun werden Sie schon eine ganze Menge gelernt haben. Klappt's nicht beim ersten Mal gleich richtig, probieren Sie weiter. Außerdem sollen das doch alles nur Anregungen sein. Wie oft löst ein Versuch einen Geistesblitz aus, was man noch alles machen könnte. Je mehr Sie dann mit Ihren Einfällen experimentieren, desto sicherer werden Sie im Umgang mit den Geräten (Routine ist diesbezüglich nicht zu verachten!) und um so größer wird der Spaß!

Das Band-gerät und seine weiteren Beziehungen

Die Vielfalt der technischen Möglichkeiten, Diaserien und Filme zu vertonen, ist in Spezialliteratur oder auch in den Bedienungsanleitungen der Geräte genauer ausgeführt. Deshalb hier nur Hinweise, die mit der Gestaltung im Zusammenhang stehen:

Bis vor wenigen Jahren war die Frage: »Soll man seine Diaserie vertonen?« noch recht umstritten. Im Laufe der Zeit hat es sich aber doch durchgesetzt, und das hat seinen guten Grund. Greifen wir gleich ein Beispiel heraus: Sie haben herrliche Urlaubstage verlebt, viel fotografiert und sind nun noch erfüllt von den vielen schönen Eindrücken. Jedoch dauert es nicht lange, und die Erinnerung verblaßt immer mehr. Jetzt wird es für Sie gar nicht mehr so einfach sein, alle Einzelheiten und netten Episoden, die im Zusammenhang mit den Bildern stehen, mit dem gleichen Elan zu interpretieren. Da hilft uns nun unser Bandgerät weiter. Gleich nach dem Sichten und Rahmen der Bildserie machen wir uns daran, einen passenden Text zu finden, möglichst humorvoll und locker soll er sein. Wenn Sie etwas redegewandt sind, genügt ein Exposé mit den wichtigsten Stichworten. Sprechen Sie nämlich frei, so hört sich der ganze Vortrag lebendiger an. Das nehmen Sie auf das Band auf. Sie kommen schnell dahinter, wie lang der Text zu den einzelnen Aufnahmen sein muß. Nach Möglichkeit sollte man Kunstpausen zwischen den einzelnen Bildern vermeiden. Es entsteht dann ein Vakuum, das eine gewisse Ungeduld hervorruft, bis das nächste Bild erscheint. Andererseits dürfen sich die Bilder auch nicht jagen. Es muß genügend Zeit zum Betrachten bleiben, und pausenlos braucht der Kommentar deshalb auch nicht zu sein. Was der Betrachter sieht, bedarf meist keiner Erklärung. Richtig ist es, den Ablauf einer Handlung zu schildern, von der auf der Bildwand ein Ausschnitt erscheint. Ob wir neben dem Wort auch noch Musik zur Untermalung verwenden, hängt ganz von dem Charakter der Serie ab. Die Grenze zum Kitsch ist dabei schnell überschritten. Doch kann ein glücklich gewähltes Musikstück zur Vertiefung des optischen Eindrucks wesentlich beitragen.

Der technische Ablauf der Vertonung gestaltet sich sehr einfach. Man kann schön gemütlich alles auf Band sprechen, sogar einzeln zu jedem Dia. Verwenden wir Musik, dann ist es freilich erforderlich, die Länge der einzelnen Stücke wieder der Serie entsprechend einzurichten. Wir projizieren unsere Diareihe und sprechen dazu den Text. Dabei stoppen wir die Zeit, wie viele Sekunden das Musikstück, das wir zu einem Abschnitt vorgesehen haben, laufen muß. Danach stellen wir erst einmal ein Musikband zusammen. Wenn's geht, nehmen wir komplette Stücke; denn im Gegensatz zum Film können wir ja die Standdauer eines Bildes in recht weiten Grenzen variieren. Sonst müssen wir für weiche Übergänge sorgen. Das geschieht so, daß wir die Musik aufnehmen und am Schluß einer Bildfolge nicht zu plötzlich abreißen lassen, damit wenige Sekunden danach eine neue Melodie ertönen kann. Das erste Stück muß ausgeblendet werden. Von der vollen Lautstärke gehen wir in 3...4 s auf Null zurück. Dann kommt nach etwa 1...2 s die neue Musik. Wollen wir den Schluß einer Tonfolge benutzen, so daß nach dem Ausblenden der letzten Melodie die neue nicht am Anfang beginnt, erfolgt das Einblenden sinngemäß umgekehrt wie das Ausblenden. Auch direkte Überblenden sind möglich, wenn wir einen Mixer benutzen. In diesem Falle beginnt das Einblenden der zweiten Melodie unter Umständen bereits dann, wenn die erste Melodie langsam herausgenommen wird. Doch Vorsicht! Die Tonkulisse bleibt hierbei pausenlos. In der Mitte der Überblendung kann ein Melodienmischmasch entstehen, wenn beide Melodien gleich laut hörbar sind. Oft bietet sich auch eine recht elegante und einfache Lösung an: Wir sorgen dafür, daß die Melodien gerade während des Kommentartextes wechseln. Die leise Untermalung – in der Fachsprache nennt man das Background – wird vom Text einmal übertönt, zum anderen konzentriert sich der Zuschauer auf das gesprochene Wort und merkt es gar

Elektronischer Schalter für das Bandgerät zum automatischen Bildwechsel bei Diaprojektoren

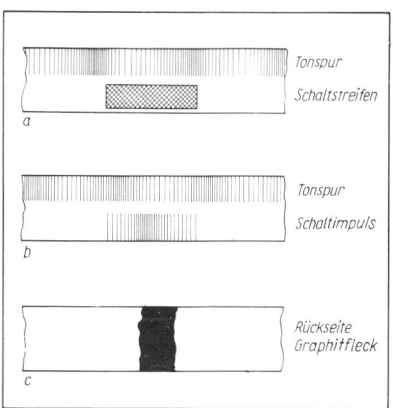

Möglichkeiten der Bandmarkierung zum Diawechsel
a Schaltstreifen (Metallfolie)
b aufgezeichneter Schaltimpuls
c rückseitiger Graphitfleck
a und *c* eignen sich zum Betätigen des elektronischen Schalters, *b* erfordert ein Zusatzgerät.

nicht, daß bei der Musik eine Veränderung eintritt. Bei der Diavertonung ist es allgemein angebracht, die Lautstärke der Musikuntermalung an den Sprechstellen zurückzunehmen.

Wir kennen vom üblichen Lichtbildervortrag her das Stockklopfen oder die ebenso störende Bemerkung: »... bitte nächstes Bild!« vor dem Bildwechsel. Beim bandvertonten Vortrag ist das nicht nötig. Wir können selbst den Bildwechsel auslösen, weil wir ja nun nicht mehr an der Bildwand zu stehen brauchen. Wenn wir nicht selbst bei der Vorführung anwesend sind (eine weitere vorteilhafte Möglichkeit dieser Vortragsart), braucht der Vorführer nur die Stichwortangaben, nach denen er ohne Schwierigkeiten den Bildwechsel richtet. Das Nonplusultra an Bequemlichkeit bietet ein Bildwerfer mit automatischem Wechsler, den das Tonband selbst steuert. Doch das ist wieder eine technische Einzelheit, die sich aus der Anleitung zu den betreffenden Geräten ergibt.

Das Vertonen von Amateurfilmen hat sich, seit es Bandgeräte gibt, immer mehr durchgesetzt, und es gibt heute – zumindest bei Wettbewerben – praktisch keine stummen Streifen mehr. Weil Filmamateure in den seltensten Fällen über einen Magnettonprojektor verfügen können, vertonen sie ihre Filme meist nachträglich im Zwei-Band-Verfahren. Mit anderen Worten: Projektor (Film) und Bandgerät (Ton) werden irgendwie verheiratet, um aus dieser Ehe einen möglichst guten Tonfilm entsprießen zu lassen. In jedem Fall handelt es sich um eine Nachvertonung, da ja bei der Filmaufnahme gleichzeitiges Mitschneiden des Tones fast ausgeschlossen ist.

Vom Vertonen von Diareihen und Filmen 81

Tonkoppler für die elektromechanische Koppelung von Film-
projektor und Bandgerät zum Vertonen von Amateurfilmen im
Zwei-Band-Verfahren

Selbst wenn wir uns die Mühe machen sollten, sind die Tonaufnahmen bei der Filmvorführung kaum brauchbar. Die Filmkamera hat keine genau gleiche Laufgeschwindigkeit wie der Projektor, und selbst geringe Laufdifferenzen bringen die Synchronisation durcheinander. Dieses Wort bedeutet nichts weiter als Übereinstimmung von Bild und Ton. Werden ganz hohe Anforderungen gestellt, so spricht man von Lippensynchronität: Der Ton muß dabei selbst bei längeren Filmen so genau zum Bild laufen, daß auf der Bildwand von den Darstellern gesprochene Worte gleichzeitig mit dem Ton kommen. Das ist gar nicht einfach, und Sie müssen überprüfen, ob Ihre Geräte das überhaupt zulassen.

Überlegen wir erst einmal, was wir mit dem Ton eigentlich wollen. Geistsprühende Kommentare wie »... und hier kommt Angelika zur Tür herein, sieht sich noch einmal um und setzt sich hin ...« helfen nicht, den Inhalt eines Films durch Vertonung verständlich zu machen. Was eindeutig zu sehen ist, bedarf auch im Film keiner Erklärung! Das Wort soll würzen und vertiefen.

Das Bandgerät und seine weiteren Beziehungen

Ein Textmanuskript empfiehlt sich daher von selbst. Peinlich, wenn man bei freiem Sprechen plötzlich den Faden verliert, dann heißt es nämlich von vorn anfangen. Bei mehreren Sprechern muß Regie geführt werden, damit die Sprecheinsätze und die Sprachdynamik stimmen. Entsprechende Vermerke sind in einem Manuskript stets rechtzeitig zur Hand.

Denken Sie bitte auch an einen Tip, der für alle Dia- oder Filmvorführungen überhaupt gilt: Ehe Sie Ihre Zuschauer Platz nehmen lassen, bereiten Sie bitte alles gründlich vor. Bauen Sie alle Geräte fix und (vorführ-) fertig auf, machen Sie aus den Zuleitungen weder Stol-

perdrähte noch ein Drahtverhau. Nachher ist es nämlich dunkel. Beim Vorführen wird Ihr Publikum bestimmt auch für nicht zu große Lautstärke dankbar sein. Wenn man die Sprache gerade mühelos versteht, dann ist's am besten. Bei einer gekonnten Tonaufnahme bildet die Musik gedämpft und unaufdringlich eine akustische Kulisse, und die Geräusche harmonieren in ihrer Lautstärke mit der Sprache.

Diese Anregungen sollen genügen: Es ist klar, daß vieles Allgemeine aus den anderen Kapiteln auch für die Filmvertonung Gültigkeit hat.

Die Party beginnt

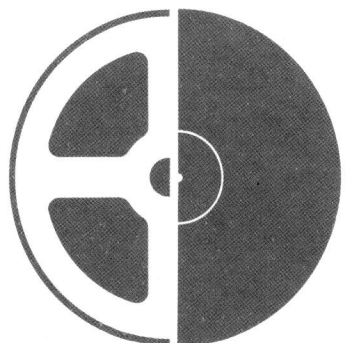

Manchem Fotofreund oder Filmamateur genügt es, wenn die Bilder oder Filme fertig sind. Sie werden einmal kurz angesehen und wandern dann bis zum Sankt-Nimmerleins-Tag in irgendwelche Schubladen – aus. Leider soll es Tonamateure geben, die eine neue Schallplatte oder Aufnahme ebenso schnell ad acta legen. Selbstverständlich gehören Sie nicht zu dieser Kategorie! Sie möchten sich später möglichst oft daran erfreuen. Nicht nur das, sicher wollen Sie diese Freude auch mit anderen, Ihren Familienmitgliedern und Freunden, teilen.

Befassen wir uns deshalb zunächst mit der Klangqualität. Über die Einrichtung einer guten Tonanlage sagte ich das Wesentliche schon im ersten Kapitel. Und ich glaube, mit meiner Behauptung recht zu haben: Das Zuhören soll Spaß machen. Dafür bedarf es einer angemessenen Lautstärke, das ist das Wichtigste. Geringe Lautstärken erfordern vom Zuhörer ein Übermaß an Konzentration. Bei Musikdarbietungen stört das geringste Nebengeräusch, Pianissimostellen kann man vielleicht überhaupt nicht mehr hören, Sprechdarbietungen sind nicht ordentlich zu verstehen, am Ende – meist noch viel früher – läßt die Aufmerksamkeit nach, die Hörer werden unruhig.

Ein Minimum an Lautstärke ist schon nötig, ganz besonders bei Stereo, sonst verpufft der Effekt, der nun einmal den Genuß von Stereoaufnahmen ausmacht, sehr schnell. Schade, denn unsere Anlage kann doch viel mehr leisten. Umgekehrt wird auch eine zu große Lautstärke lästig. Laut heißt nicht bessere Verständlichkeit, im Gegenteil! Ganz abgesehen davon, daß bei zu großer Lautstärke der Lautsprecher oder auch schon die verstärkende Anlage übersteuert werden kann und Lautstärkespitzen zum berüchtigten Plärren führen, überfordert Krach unsere Sinne, und Dynamiknuancen bekommen wir überhaupt nicht mehr mit. Die zu große Lautstärke finden wir leider viel zu oft. Es mag vielleicht Auffassungssache sein, doch wenn sich das Dröhnen einer Dampframme im Vergleich zu dem Krach aus dem Lautsprecher wie ein sanftes Wiegenliedchen anhört: Mein Geschmack ist das nicht! Die Musik soll unterhalten, gut, das tut sie auch bei größerer Lautstärke, andererseits aber soll man sich bei Unterhaltungsmusik unterhalten können. Oder finden Sie es angenehm, wenn sich Gesprächspartner anbrüllen müssen, um einander überhaupt zu verstehen? Und eigentlich sollten uns nicht erst gesetzliche Bestimmungen, wie sie für öffentliche Veranstaltungen gelten, auf den Gedanken bringen, solchen Riesenlärm zu verhindern. Sehen Sie, nun sind wir schon beim guten Ton der zwischenmenschlichen Beziehungen. Jedem ist das bekannte Klopfen mit dem Besenstiel an die Decke ein Begriff. Außer notorischen Übelnehmern bringt jeder Verständnis auf, wenn es bei einem fröhlichen Fest mal ausnahmsweise hoch hergeht.

Eva-Maria Pickert in einer öffentlichen Veranstaltung. Das Studiomikrofon hat ein zugentlastetes Kabel und ist dadurch viel bequemer zu handhaben.

Oben: So darf man auch in geräuscherfüllten Räumen nicht ins Mikrofon sprechen, denn bei diesem kurzen Abstand klingt der Ton quäkig und jahrmarktsmäßig. Außerdem kann ein ungewollter Ruck das Kabel aus dem Mikrofon oder das Mikrofon aus der Hand reißen.

Unten: Richtige Mikrofonhaltung. Der Sprechabstand ist für ruhige Räume optimal, und zur Zugentlastung wird das Kabel einmal um die Hand gewickelt.

Harry Belafonte und Dianne Reeves benutzen Einzelmikrofone, deren Ausgänge der Tonmeister mischt.

Die Gruppe Status Quo. Solche Gruppen kann ein Amateur mit seinen Möglichkeiten nicht einwandfrei aufnehmen, weil ihm dafür die notwendigen technischen Voraussetzungen fehlen.

Bei gezwungenermaßen kurzem Sprechabstand ist Vorbeisprechen vorteilhaft und ergibt eine klanglich gute Übertragung.

Gleiches läßt sich erzielen, wenn man über das Mikrofon hin-
weg spricht.

Hana und Dana mit H & N benutzen drahtlose Mikrofone, um
trotz live-Übertragung voll beweglich zu sein.

Beim Vorlesen wie im oberen Bild sind Papierrascheln und Poltergeräusche fast unvermeidbar.

So ist es richtig. Das frei liegende Papierblatt und das frei stehende Mikrofon verhindern Nebengeräusche (unten).

Dixieland-Jazz in Dresden. Auch Aufzeichnungen solcher Veranstaltungen fordern einen technischen Aufwand, den kein Amateur betreiben kann. Hier wäre statt dessen ein Mitschnitt bei der Rundfunk- oder Fernsehübertragung zu empfehlen.

Wie Mireille Mathieu hier das Studiomikrofon hält, dürfen Sie
sich ruhig zum Vorbild nehmen.

Katja Ebsteins temperamentvoller Vortrag dagegen verlangt unbedingt ein drahtloses Mikrofon

Im ersten Bild treffen fast alle möglichen Fehler zusammen: Sicher raschelt das Papier, das Herumfingern am Mikrofon ergibt ebenfalls Nebengeräusche, zudem steht es von der linken Sprecherin zu weit entfernt; und daß man die Hand beim Sprechen nicht vor den Mund hält, dürfte auch selbstverständlich sein. Sollten Nebengeräusche nicht anders auszuschalten sein, wird das Mikrofon dem jeweiligen Sprecher vorgehalten (Bild Mitte). Eine Sprechergruppe erfordert Disziplin: richtigen Mikrofonabstand, frei liegende Manuskripte und ruhig gehaltene Hände (Bild unten).

Auf der rechten Seite die polnische Gruppe 2+1. Ein bereits zugentlastetes langes Mikrofonkabel läßt ausreichenden Bewegungsspielraum.

Kerstin Rodger beim Playback. Im Studio hört sie über Kopfhörer die Orchestermusik, die mit ihrer Stimme entsprechend gemischt wird.

Bei einer öffentlichen Veranstaltung braucht das Orchester auch nicht unbedingt anwesend zu sein; dessen Ton wird über Lautsprecher eingespielt, und die Solistin singt dazu. Da sie die Lautsprecher auf jeden Fall hört, bedarf es dann natürlich keiner Kopfhörer (rechts).

Bei solistischen Darbietungen von Laien ist es wichtig, auf opti-
malen Mikrofonabstand zu achten und darauf, daß er eingehal-
ten bleibt: sonst schwankt die Lautstärke mehr, als sich durch
den Regler ausgleichen läßt (links). Umgehängte Mikrofone –
manche sind schon mit einem passenden Clip versehen – ermöglichen den Vortrag mit freien Händen und volle Beweglich-
keit (rechts). Aber man muß das ausprobieren; nicht jedes Mikrofon eignet sich, weil es mitunter das Reiben an der Kleidung
hörbar macht. Ungünstig wäre es außerdem, wenn der oder die
Vortragende(n) raschelnde Seide oder einen ähnlich »lauten«
Stoff tragen.

Die Jazz-Doctors aus Schweden benutzen eine typische Mikro-
fon-Kombination: für die Instrumentalisten Standgeräte, für die
Sängerin Marie Johnson dagegen ein bewegliches (rechte Seite).

Beim Interview erweist es sich meist als zweckmäßig, das Mikrofon dem jeweils Sprechenden vorzuhalten, um das Übertragen von Störgeräuschen zu vermindern.

Das Bild auf der rechten Seite beweist, daß kleinere Gruppen wie GES auch mit nur einem Mikrofon gut auskommen können.

Die Gitarreros (nächste Seiten) sind mit sehr großem technischem Aufwand ausgerüstet, der klanglich einen enormen Spielraum gibt. Auch hier könnten Sie nur bei einer Rundfunk- oder Fernsehübertragung brauchbare Aufnahmen machen.

Über Stereohörer kann man Musik in beliebiger Lautstärke bei hervorragender Tonqualität hören, ohne damit jemand zu stören (oben). Übliche Funk-Kopfhörer sind zwar sehr empfindlich (daher auch ausgezeichnet im Amateur-Funkverkehr), eignen sich aber nicht zum Musikübertragen, allenfalls noch zur Abhörkontrolle (unten).

Transportable Kleinempfänger oder -recorder sind bei Jugendlichen äußerst beliebt, ermöglichen doch ihre Spezialkopfhörer guten Klang, und niemand muß unfreiwillig mithören.

Charquel & Co. Bei Blechblasinstrumenten erweist sich die Mikrofonaufstellung in der Schallachsenrichtung meist als am günstigsten (nächste Seite).

Wenn manche ach so freundlichen Mitmenschen ihre Schallplatten oder Tonbänder immer nur mit größter Lautstärke abhören, so ist das eine Zumutung für Hausgenossen und andere unfreiwillige Zuhörer. Besonders bei Hifianlagen mit hervorragender Baßwiedergabe, das sei hier ausdrücklich wiederholt, ergeben sich Mithör- oder besser Störprobleme beim Nachbarn. Also, kaufen Sie sich einen guten Kopfhörer. Sie können damit, so laut Sie wollen, hören und stören niemand. Ohnehin ist ein guter Stereokopfhörer ein zweckmäßiges Zubehör zu Stereogeräten – und man kann ihn auch an Monogeräte anschließen. Richten Sie sich beim Anschaffen eines Kopfhörers danach, was die Anleitung Ihrer Anlage für einen Anschlußwert fordert.

Früher war es üblich, in der Küche, dem Bad, Schlafzimmer usw. einen Zweitlautsprecher anzubringen. Heute nimmt man dazu der Einfachheit halber – Sie ersparen sich die sonst notwendigen Strippen – ein Zweitradio. Oft ist das mit einem eingebauten Kassettenrecorder versehen. Manche Leute haben es sich angewöhnt, daß während ihrer Anwesenheit solche Geräte ständig in Betrieb sind. Ist es nicht im Grunde nur eine schlechte Angewohnheit, stets und ständig Musik als Hintergrundgeräusch haben zu müssen? Der Komponist Siegfried Matthus sagte einmal mit vollem Recht, daß es doch wohl kaum richtig Sinn der Musik sein könne, sich ständig davon berieseln zu lassen. Nun mag auch das nicht zuletzt eine Frage des Geschmacks sein, überdies geht das, wenn's nur im eigenen Kämmerlein zu hören ist, auch keinen etwas an. Anders verhält sich die Sache, wenn jemand sein Bandgerät mit in die Öffentlichkeit nimmt, weil dann die Mitbürger gezwungen sind, alles mitzuhören.

Über das Imponiergehabe gewisser Jugendlicher kann man vielleicht noch lächelnd hinwegsehen. Doch verhalten sich manche Erwachsene nicht ebenso, wenn sie in Strandbädern, auf Campingplätzen oder in Naherholungsgebieten ihr Bandgerät übermäßig laut spielen lassen? *Musik wird störend oft empfunden, dieweil sie mit Geräusch verbunden.* Man könnte glauben, Wilhelm Busch habe schon lautstarke Tongeräte gekannt. Also, nehmen Sie auch hier Rücksicht! Im Freien oder im Zelt kann man sich halt nicht akustisch abschirmen. Für ganz un-

entwegte Musikfans gibt es ja auch ganz leichte Recorder, Radios oder Radiorecorder mit Kopfhörer – siehe oben. Niemand kann dann etwas dagegen haben, wenn damit der neueste Hit mit größtmöglicher Lautstärke gehört wird (es sei denn, Sie fahren mit dem Fahrrad, Motorrad oder Auto und können keine akustischen Signale mehr vernehmen, dafür hätte die Verkehrspolizei mit Recht kein Verständnis).

Wozu gibt's denn nun die leistungsstarken Portables? Sie wissen doch, auch die 2...3-W-Lautsprecherleistung kann erheblichen Lärm erzeugen. Der Grund ist einfach. Natürlich gilt für diese Geräte gleiches wie für andere Verstärker: Mit geringerer Leistung betrieben, sinken die Verzerrungen auf ein Minimum, und dann ist auch ein genußbietendes Zuhören möglich. Und mancherorts fehlt's eben in Gartenlaube und Wochenendgrundstück noch am Netzanschluß, aber auch dort wird doch manchmal eine kleine Feier stattfinden.

Noch an etwas anderes sollten wir denken, wenn schon einmal von Mitmenschen und Mithörern die Rede ist. Jetzt meine ich die freiwilligen Mithörer, die Sie einladen, Ihre Schallplatten oder Bandaufzeichnungen anzuhören. Vielleicht bieten Sie ihnen einen guten Wein an. Aber sicherlich nicht in Blechbechern?!? Und Ihre Schallaufnahme? Bitte geben Sie auch ihr einen angenehmen Rahmen. Das beginnt mit der Vorbereitung, solange die Gäste noch nicht bei Ihnen weilen, und mündet in kultivierter Vorführung, während der kein Kabelgewirr herumliegt, die Lautstärke schon richtig eingestellt ist, bequeme Sitzgelegenheiten bereitstehen. Kurz gesagt, sorgen Sie für eine Atmosphäre, die der geplanten akustischen Darbietung entspricht.

Viele Besitzer von Bandgeräten sind Anhänger von Musik, die man sich bevorzugt im Konzertsaal anhört. Leider gibt es dazu aber nicht überall, und wenn doch, nicht immer genügend Möglichkeiten. Vielleicht wohnen Sie auf dem Land oder in einer Kleinstadt, wo Konzerte seltener aufgeführt werden; in größeren Städten sind die Eintrittskarten für die Konzerte meist allzu schnell ausverkauft. Oft lassen es auch zeitliche Bedingungen nicht zu, ein Konzert zu besuchen. Man kann gar nicht alles aufzählen, was häufig daran hindert, viele derartige Veranstaltungen original zu erleben. Ein weiteres Problem: Schallplatten bestimmter Musik von bestimmten Interpreten aufgeführt, kann man nicht immer kaufen, und auch die Rundfunksendungen enthalten nicht ständig das, was man hören möchte. Hier hilft uns unser Tonbandgerät weiter. Doch gerade bei speziellen Wünschen wird es unumgänglich, bestimmte Voraussetzungen zu schaffen, um in absehbarer Zeit zu einem Repertoire nach persönlichem Geschmack zu kommen. Erfahrungsgemäß hat es wenig Sinn, sporadisch und planlos irgendwelche Gelegenheiten zu ergreifen. Hört man im Rundfunk überraschend die Ansage gerade des Stückes, das man gern mitschneiden wollte, ist's fast immer zu spät: Das Bandgerät steht todsicher ausgerechnet dann nicht zur Aufnahme bereit. Manchmal ist es nur das Einlegen des Bandes, das schon zu viel Zeit in Anspruch nimmt, um den Anfang der Sendung noch zu erwischen. Wie kommt man nun bestimmt zu den gewünschten Aufnahmen? Es wird im Einzelfall unterschiedlich sein, trotzdem sollte man sich einige Grundsätze angewöhnen, die Enttäuschungen und Ärger über sich selbst weitgehend vermeiden helfen. Die Vorbereitung beginnt eigentlich bereits mit dem Kauf, am besten dem Abonnement einer Rundfunkzeitschrift. Darin finden wir das Programm und können uns informieren, wann eine Sendung zu empfangen ist, die einen oder mehrere unserer Wünsche nach einer Bandaufnahme erfüllen könnte. In solchen Zeitschriften wird üblicherweise auch Näheres über den oder die Interpreten mitgeteilt.

Der zweite Teil der Vorbereitung sollte selbstverständlich sein: Halten Sie stets Band in ausreichender Menge bereit, um jederzeit aufnehmen zu können. Doch auch Selbstverständlichkeiten werden übersehen. Es wäre doch schade, wenn Sie im letzten Augenblick überlegen müßten, welche Aufnahme zugunsten der Neuaufnahme gelöscht werden soll. Entschließen Sie sich im Handumdrehen, so fehlt die gelöschte Aufnahme gewiß später in Ihrer Sammlung, oder aber Sie sind voll zwiespältiger Gefühle, weil Sie vom Vorhandenen nichts verloren geben wollen!

Es bedeutet nie einen Verlust, einige leere Bänder – ob Spulen oder Kassetten – als Vorrat zu halten. Sie sind dabei viel besser dran als vergleichsweise ein Fotograf, denn das Bandmaterial verdirbt Ihnen auch bei langer Vorratshaltung nicht.

Den dritten Teil der Vorbereitungen erledigt man am besten unmittelbar vor der Aufnahme. In Ruhe wird das Band oder die Kassette in das bereitgestellte Gerät eingelegt, rechtzeitig eingeschaltet, die Ansage abgewartet und dann mitgeschnitten. Hierzu ein kleiner Tip: Vielfach erfolgt die Ansage ganz kurz vor Spielbeginn. Setzen Sie nicht unbedingt Ihren Ehrgeiz darein, den Mitschnitt sekundengenau bei Musikbeginn anzufangen. Zu dumm, wenn Ihre Reaktionsleitung zu lang war und auf dem Band die ersten Töne fehlen. Was schadet es, die Ansage mit auf das Band zu bringen? Im Gegenteil, Ihre Notizen zum Band könnten einmal verlorengehen, die Ansage bleibt, und Sie wissen dann immer noch ganz genau, um welche Musik und welche Interpreten es sich handelt. Das hat besonders bei Spulenbändern seine Vorzüge. Auf der Kassette läßt sich noch ein Vermerk anbringen, auf der Spule wäre es ziemlich zwecklos, weil die Bänder beim Umspulen sehr leicht einmal auf eine andere Spule geraten. Sagen Sie nicht, das sei vermeidbar. Schon beim Abhören mehrerer Bänder nacheinander, wobei wir vielfach erst zum Schluß wieder umspulen, wissen wir nicht immer genau, welches Band nun wirklich auf welcher Spule war.

Trotz der Gründe, die dafür sprechen, beim Band die Ansage mit aufzunehmen, mag mancher anderer Ansicht sein. Es ist dem Betreffenden aber doch zu empfehlen, den Mitschnitt mit der Ansage zu beginnen. Wenn noch ein paar Worte mitgeschnitten sind, schadet es nicht. Das können wir später herausschneiden oder z. B. bei Kassetten mit einigem Geschick löschen, fehlende Anfänge der Musik dagegen bekommen wir nachträglich nicht mehr aufs Band.

Ganz anders sieht die Sache aus, wenn wir unsere Aufnahmen von Schallplatten umzeichnen. Praktisch fallen dabei alle Zufälligkeiten, die den Mitschnitt einer Rundfunkaufnahme stören können, weg. Auch den Zeitpunkt des Umzeichnens zu wählen steht uns frei. Bei modernen Geräten gibt es kaum Probleme, und die bei älteren Typen eventuell auftretenden lassen sich leicht überwinden. Doch bedenken wir immer wieder: Mit unseren amateurgemäßen technischen Mitteln sind wir kaum in der Lage, Mängel der Schallplatte zu verbessern.

Überprüfen wir nach dem Überspielen gleich, ob unsere Umzeichnung annähernd so klingt, wie das direkte Abspielen der Platte, sonst wiederholen wir den Umschnitt lieber noch einmal. Haben wir die Platte geliehen, wäre es peinlich, vielleicht auch unmöglich, sie zum zweiten Mal auszuborgen.

Nun wollen wir auf einen Verwendungszweck unserer Tongeräte zu sprechen kommen, der wahrscheinlich in den meisten Fällen überhaupt den Grund zur Anschaffung gab: Musik und Unterhaltung speziell für gesellige Anlässe immer parat zu haben. Auch bei Festlichkeiten wollen wir aber weder unseren Gästen noch unseren Geräten gegenüber lieblos sein und einiges beachten, was dem einen wie den anderen wohl bekommt.

Den kleinsten Rahmen einer Festlichkeit bilden die Familienfeiern ohne weltbewegenden Anlaß. Mitunter genügt schon ein lieber Besuch für ein gemütliches Beisammensein, und schnell muß das Tongerät herbei, um den Gästen etwas Nettes zu bieten. Oft wird alles ein wenig improvisiert. Dagegen gibt's nichts einzuwenden, denn wann läßt sich Derartiges planen? Andererseits befindet sich derjenige Tonfreund dann in der besten Lage, der es ähnlich hält wie die Hausfrau: Sie hat wohl stets etwas Passendes im Kühlschrank, um unverhofft auftauchende Gäste bewirten zu können. Gleiches gilt für unsere Schallkonserven. Wir wollen immer etwas zur Hand haben, das zu fröhlicher Unterhaltung beitragen kann. Nicht immer braucht das nur Musik zu sein, denn auch ein Beitrag aus dem tönenden Familienalbum, für kleine Gäste ein Märchen, für die anderen eine inzwischen nostalgische Aufnahme, entsprechen oft den Wünschen. Daß es schier unerschöpfliche Möglichkeiten gibt, erwähnte ich schon einmal. Jetzt ist vielleicht die Zeit gekommen, wenigstens ein paar hiervon anzuführen. Spielen wir eigene Tonaufnahmen ab, äußert fast immer jemand den Wunsch: »Nimm mich doch auch mal auf!« Zieren wir uns nicht lange, denn oft wird daraus ein Riesenvergnügen — mancher hat dabei schon die letzte Straßenbahn verpaßt. Einiges allerdings heißt es auch hier zu beachten. Wenn wir unser Gerät erst umständlich hervorkramen müssen (die letzten Aufnahmen machten wir vor 11 Monaten) oder es gar vom Boden holen, entsteht eine ungastliche Erwartungsnervosität, der sicherste Stimmungstöter. Und wenn wir dann noch bemerken müssen, daß irgendwas kaputt ist, und die Vorstellung ausfällt, brauchen wir später nie wieder unser Bandgerät zu erwähnen, man nimmt uns diesbezüglich todsicher nicht mehr ganz ernst.

Also bildet die erste Voraussetzung, unseren Gästen ein akustisches Vergnügen anzubieten, die sichere Bereitschaft unserer Geräte. Dazu gehört natürlich auch, daß wir sie nicht mit stundenlangem Zusammensuchen und Kramen auf die Folter spannen.

Die zweite Voraussetzung ist der Bandvorrat. Das bezieht sich sowohl auf bespielte als auch auf leere Bänder — leer sinngemäß, denn natürlich können das auch Bänder oder Kassetten sein, die wir ohnehin löschen wollen. (Haben wir neue Aufnahmen gemacht, entscheiden wir uns, ob sie das Aufheben lohnen.) Übrigens kommt bei völlig improvisierten Aufnahmen oft etwas so Drolliges heraus, daß wir es nicht löschen mögen.

Zur Geräteaufstellung brauchen wir nichts Wesentliches zu beachten. Der kleine Kreis von Zuhörern, sogar sicher aufmerksamen Zuhörern, gestattet die Wiedergabe im üblichen Rahmen, der wiederum auch für eine gelegentliche Tanzeinlage ausreicht.

Es war einmal vor vielen, vielen Jahren, da feierte Omis Großmutter ihren Hausball. Bei den sogenannten gehobenen Ständen engagierte man eine kleine Tanzkapelle, die kleinen Leute machten schlicht und einfach ihre Musik dazu selber. Omi pflegte darüber schon zu lachen, denn sie hatte ja ein Grammophon, nach dessen Klängen sie ihren Black Bottom, Charleston, Foxtrott oder Swing aufs Parkett legte, wenn Grund zu Feiern war.

Wir staunen heute über die alten Plattenschränke im Museum, aus deren Trichter eine nach heutigen Maßstäben recht dezente Zimmerlautstärke ertönte. Fast mutet es unwahrscheinlich an, daß sie trotz Unterhaltung und anderer Geräusche zum Tanzen noch ausreichte.

Heute beatet man etwas lauter — elektronisch verstärkt, versteht sich — und damit ist aus dem Hausball die Party geworden.

Die Party sprengt den kleinen Familienkreis, sie ist

allgemein etwas turbulenter: Verlobung, Polterabend, Hochzeit, Karneval, Silvester, nun, feiern wir die Feste, wie sie fallen. Gegenüber dem Familienfest im engsten Kreis besteht der Hauptunterschied außer dem größeren Rahmen darin, daß man eine solche Party kaum improvisiert: Man lädt Gäste ein, besorgt Getränke und ein kaltes Buffet, zieht vielleicht noch bunte Girlanden – und wir Tonfans (der Ausdruck paßt zu Party) erhalten den ehrenvollen Auftrag: »Du machst Musike!« Nichts einfacher als das: Geräte ran, Schallplatten, Bänder oder Kassetten ran, Steckdose gesucht, fertig. *Stop!* Bei allem Eifer und allen guten Vorsätzen, so geht's nicht, wenn wir auch nur ein ganz kleines Lob verdienen wollen.

Wir legen uns die Frage nach den fünf W's vor: Wann, Was, Wo, Wer, Wie. *Wann* findet die Feierlichkeit statt, wieviel Zeit bleibt noch? Der Zeitpunkt bestimmt, was wir noch alles aufnehmen können, oder ob wir mit Vorhandenem vorliebnehmen. *Was* findet überhaupt statt? Ist's nur ein kurzes gemütliches Beisammensein oder eine größere Fete? Das bestimmt den Umfang unserer Tonvorräte. *Wo* machen wir die Feier? Vom Raum oder von den Räumen hängt es ab, welche Anforderungen an die technische Ausrüstung gestellt werden müssen. *Wer* nimmt teil? Danach richtet sich die Auswahl unserer Aufnahmen. *Wie* läuft die Feier ab? Nur Tanz, oder brauchen wir noch Einlagen anderer Art? Während die Was, Wer und Wie in unmittelbarem Zusammenhang stehen, wirft das Wo ganz andere Fragen auf. Fangen wir damit an. Für kleinere Räume, wie Wohnungsdielen, kleinere Gastzimmer in Restaurants, kleine Kulturräume, reicht unser Tongerät mit der üblichen Ausstattung, d.h. mit Zusatzlautsprecher und gegebenenfalls Rundfunkgerät, völlig aus. Natürlich spielt die Personenzahl eine Rolle, man kann auch davon ausgehen. Die genannte Technik reicht für etwa 30 Personen. Darüber hinaus wird es kritisch. Im größeren Rahmen brauchen wir unbedingt einen Verstärker mit 20...50 W Leistung und entsprechende Lautsprecher, sonst hört man die Übertragung später nur noch in der Nähe des Lautsprechers, besonders zu vorgerückter Stunde, wenn das Party-Grundgeräusch immer mehr anschwillt. Ich empfehle hier auch, lieber mehrere kleinere Lautsprecher als einen sehr leistungsstarken zu verwenden.

Außerdem, das ist ebenfalls nur mit kleinen, leichten Lautsprechern durchzuführen, sind für solche größeren Räume möglichst hoch angebrachte Lautsprecher praktisch. Ihr Schall wird durch Personen und Einrichtungsgegenstände nicht so gedämpft wie der Schall von tief angeordneten. Noch ein Vorteil: Einen hoch angehängten Lautsprecher kann niemand umwerfen. Wenn möglich, können wir die Lautsprecher auch unmittelbar an der Decke anbringen, das kommt aber auf die Gegebenheiten an. Ein kleines *Achtung!* Erinnern Sie sich bitte, was ich über die Lautsprecheranpassung und -zuleitung bereits früher sagte. Und schalten Sie alles auf mono, beim Tanzen lohnt keine Stereoübertragung.

Denken Sie bei dem Wo auch daran, daß in Wohnungen nicht dauernd eine Lautstärke entstehen darf, die Nachbarn stören würde. Ich erwähnte das schon. Informieren Sie Ihre Mitmieter über Ihr Partyvorhaben oder laden Sie sie einfach mit ein, das hilft plötzliches Dunkel und verstummende Lautsprecher vermeiden. Ein lieber Mensch könnte die Hauptsicherung um seiner Nachtruhe willen herausdrehen.

Wenn wir eine Art Diskothek aufbauen wollen, also mit Mikrofon und Mischeinrichtung, erproben wir auf alle Fälle vorher, ob sich der Raum dafür eignet. In großen Räumen bringt das weniger Schwierigkeiten mit sich als in kleinen. Um akustische Rückkoppelungen zu vermeiden, also Heul- und Pfeiferscheinungen, die auch hierbei auftreten, müssen wir mit der Lautstärkeeinstellung besonders in kleinen und halligen Räumen (Dielen, Keller) so weit zurückgehen, daß uns das Mikrofon gar nicht mehr nützt und noch ein optisches Requisit bilden würde.

Haben wir uns solchermaßen technisch vorbereitet, denken wir nun an die Was, Wer und Wie. Am einfachsten läßt sich das am Beispiel einer Party im größeren Kreis mit unterschiedlichsten Teilnehmern und der Forderung *Tanz mit Einlagen* erläutern. Das wäre zugleich der komplizierteste Fall unserer Tonunterhaltung. Vorweg sei noch gesagt, daß dabei *keine* öffentlichen Veranstaltungen eingeschlossen sind. Dafür sind zusätzlich gesetzliche Bestimmungen zu beachten. Es handelt sich also nur um Feiern absolut privaten Charakters (zu manchen Polterabenden kommen trotzdem bald

100 Freunde) oder im Kreis einer Brigade, FDJ-Gruppe oder ähnlichem, kurz um das, was man allgemein mit dem Schild *Geschlossene Gesellschaft* von der Öffentlichkeit abschirmt.

Ich wähle diesen Fall, weil einfachere Umstände einfach weniger Umstände machen und auch weniger umständlicher Vorbereitungen bedürfen.

Zunächst überlegen wir uns, in welcher Form die Einlagen geboten werden sollen. Es gibt nämlich Beiträge, die sich nicht oder kaum für die Bandaufzeichnungen eignen. Sie kennen alle die richtigen Betriebshühner, Menschen, die jede Gesellschaft in vergnügte Stimmung zu bringen vermögen. Es wäre Unsinn, von solchen Freunden unbedingt ein Band aufnehmen zu wollen. Diese Tonkonserve kann das live-Auftreten nie ersetzen. Überhaupt ist das Bandgerät kein Conferencier, heute sagt man wohl Entertainer, noch weniger ein Witzeerzähler. Überlassen wir demnach alles das, was Festrede, Stimmungsförderung, Büttenrede oder – häßliches Wort – Bierzeitungsvortrag, Hobby-Gesangsdarbietung u. a. m. heißt, den direkt anwesenden Interpreten. Die gehen nämlich auch unmittelbar auf das Verhalten der Gäste ein, ein unschätzbarer Vorteil, das kann kein Tongerät. Als Tonleute sind wir dabei trotzdem nicht ganz arbeitslos, denn beispielsweise können wir uns auf eine Polonaise vorbereiten, indem wir passende Musik bereitstellen. Derartige Musik legen wir uns immer separat zurecht, um sie im geeigneten Moment ohne Verzögerungen zur Hand zu haben.

Ja, und was paßt denn nun für eine Bandaufzeichnung? Eine ganze Menge. Ich empfehle, einmal ein Tages-Rundfunkprogramm daraufhin anzuschauen. Etwas Ähnliches läßt sich als Hausprogramm aufs Band aufnehmen: Nachrichten, Reportagen, Sportberichte, Kommentare usw. Man kann, eingekleidet in eine derartige Form, die lieben Gäste mit ihren Eigenheiten und kleinen Schwächen wunderhübsch auf die Schippe nehmen: Als Nachrichtendienst Berichte über diesen oder jenen, was er schon wieder angestellt hat (oder haben könnte), in einem Sportbericht bilden Anwesende eine Fußballmannschaft, ein Kommentar bietet Gelegenheit, z. B. beim Polterabend auf die Verlobungszeit des Paares einzugehen. Mit ein wenig Phantasie eröffnen sich fast

grenzenlose Möglichkeiten. Trotzdem sollte es Grenzen geben, die der gute Geschmack und der Takt gebieten. Alle Beiträge müssen so beschaffen sein, daß auch die Angesprochenen selbst darüber lachen können. Übelnehmen stört oder zerstört sogar die gute Laune, und genau das Gegenteil wollen wir doch erreichen.

Sehr gut kann z. B. bei der erwähnten Sportsendung ein zugehöriges Geräusch das Ganze echter machen. Das ist dann wieder unsere Domäne, wie wir das Band vorbereiten. Fußballplatzlärm, Motorengeheul (Rennfahrer!) oder anfeuernde Rufe einer begeisterten Menge, das geht nur mit dem Tonband. Pfropfen Sie aber Ihr Programm nicht zu voll. Im allgemeinen reichen vier bis fünf Beiträge völlig aus. Es erweist sich meist am günstigsten, diese Beiträge nicht in einem Zug hintereinanderweg zu bringen. Ein Pfund Pralinen auf einmal verdirbt auch den Appetit. Sicher sind die Gäste aufgeschlossen und hören gern zu, doch Abwechslung, vielleicht ein wenig Tanzen zwischendurch, beugt vorzeitiger akustischer Ermüdung vor. Wie schon für das Beispiel Polonaise geraten, bringen wir auch solche Beiträge auf Sonderbänder. Vielleicht erkennt man während der Party den richtigen Zeitpunkt, zu dem unser Knüller richtig ankommt. Spulen und Kassetten sind dann in Sekundenschnelle ausgewechselt. Hatten wir dagegen die Einlagen zwischen der Musik auf einem Band untergebracht, dauert es immer eine Weile, bis wir den betreffenden Beitrag gefunden haben, und dann kann der günstigste Moment schon wieder vorüber sein.

Ein Erfahrungswert besagt, daß solche Beiträge, ebenso wie die live-Einlagen, am besten in der ersten Stunde des Programms ablaufen. Zu vorgerückterer Zeit kann die Stimmung schon so hohe Wellen schlagen, daß es nicht mehr ohne Störungen abgeht oder das Interesse dafür überhaupt nachgelassen hat. Es sollte uns nicht dauern, wenn ein Beitrag noch nicht dargeboten wurde, sich das Abspielen aber auch nicht mehr lohnt, weil niemand mehr richtig zuhört. Reservieren wir ihn uns für eine spätere Gelegenheit, so ist er jedenfalls besser aufgehoben, als wenn er in Unaufmerksamkeit verpufft.

Und nun zur Musik. Sicher wollen Sie und Ihre Gäste auch tanzen. Die modernen Bänder, Kassetten K 90 und besonders Doppel- und Triplebänder auf Spulen sichern so viel Spielzeit, daß wir uns unbespielte Bandstücke von 2 min oder 3 min leisten können. Wir machen es dann wie eine Tanzkapelle: jeweils eine Tour von etwa drei Stücken, dann eine kurze Pause. Ein Stück zum Tanzen dauert durchschnittlich 2 bis 3 min, das ergibt für jede Tour um 8 min Dauer, mit der erwähnten Pause rund 10 min. Auch wenn wir so verfahren, paßt eine ganze Menge auf ein Band, und wir brauchen es nicht allzu häufig zu wechseln. Natürlich bürdet es uns auch keine unzumutbare Last auf, wenn wir ein pausenlos bespieltes Band, das wir uns vielleicht ausgeliehen haben, gelegentlich durch einen Druck auf die Stop-Taste zum Schweigen bringen und so die Tanztouren unterbrechen.

Daß wir uns mit unserer Musik auf den Geschmack der Gäste einrichten, ist eigentlich selbstverständlich. Leider geht aber derjenige, der für die Musik sorgt, mitunter zu sehr von seinen Neigungen aus. Das ist oft falsch. Ein Rezept aber läßt sich kaum geben. Die jüngeren Gäste lieben, was zur Zeit gerade *in* ist, die etwas älteren Semester begrüßen dagegen auch Oldies-Schlager. A propos Schlager: Sie machen zwar wohl den Hauptteil der Tanzmusik aus, müssen aber tanzbar sein. Stücke mit häufigem Rhythmuswechsel finden wenig Beifall, wenn's ums Tanzen geht. Das gilt ohne Einschränkung auch für klassische Tanzmusik: Der Kaiserwalzer im Straußschen Originalarrangement läuft nicht nur im Dreivierteltakt ab! Ob ein Stück dagegen mit oder ohne Gesang dargeboten wird, dürfte belanglos sein, man tanzt so und so. Meine Erfahrung mit solchen Partys besagt, daß man *heiße* Musik am besten im ersten Teil unterbringt, später kommt dann *soft* und *sweet* besser an. Das braucht aber nicht immer so zu sein; hier macht eigene Erfahrung klüger als der beste Ratschlag.

Als vorteilhaft erweist es sich, die Musikbänder nur in einer Bandtransportrichtung zu bespielen, d. h., der Rücklauf bleibt frei. Dann lassen sich nämlich bestimmte Stücke, die vielleicht ein zweites Mal gewünscht werden, schneller finden. Bei Spulentonbändern können wir außerdem vorher durch Schnitt die Zusammenstellung beliebig ändern. Haben wir mehrspurige Aufnahmen, geht das nicht, denn die andere Spur wird dabei zerschnitten. Solche Maßnahmen sind unter Umständen

nicht so sehr wesentlich, man sollte das aber berücksichtigen, bevor es zu spät ist.

Schallplatten lassen sich bei derartigen Gelegenheiten selbstredend auch benutzen, ebenfalls natürlich Kassetten, die bespielt verkauft werden. Ich empfehle, die Schallplatten auf Band oder Kassette zu überspielen, dann braucht nämlich nur ein Gerät bedient zu werden. Zudem gestattet das, die einzelnen Stücke beliebig zu wählen. Allerdings – auf dem Band liegen sie dann doch wieder fest, aber eben so, wie wir uns das wünschen.

Ob die Musik nur von Schallplatten genommen wird oder ob wir auch Rundfunkmitschnitte verwenden, ist für die Feier gleichgültig. Schallplatten haben den Vorteil, daß wir unser Programm in aller Ruhe aussuchen und dann zusammenstellen können, wenn es uns zeitlich am besten paßt. Bei Rundfunksendungen weiß man meist nicht, welche Stücke wann gesendet werden, die Programmzeitschriften geben darüber auch nicht immer detaillierte Auskünfte. Andererseits kriegen wir die neuesten Hits nur vom Rundfunk. Es ist selbstredend möglich, Rundfunkmitschnitte und Schallplatten im Wechsel zu verwenden. Bei derartiger Musik und insbesondere während einer Feier erkennt man kleine Qualitätsunterschiede sowieso nicht. Einen wichtigen Vorteil bietet das Tonband gegenüber der Schallplatte: Es nutzt sich nicht ab, und wenn im turbulenten Treiben eine Platte zerkratzt wird oder ganz das Zeitliche segnet, lobt man das Band, denn ein Riß läßt sich flicken.

Und noch ein kleiner Hinweis: Die Gesamtlaufzeit des Musikvorrates sollte mehr Zeitreserve bieten, als für die Dauer der Feier geplant. Die Reserve ist besonders günstig, wenn wir dafür Musik auswählen, die einen etwas anderen Charakter hat als die in der Hauptsache vorgesehene. Dann ist etwas zum Abspielen zur Hand, wenn das eine oder andere nicht ganz so ankommt, wie wir es uns gedacht haben. Und ein ganz kleines Miniband versehen wir mit einem ordentlichen Tusch (mitschneiden bei einer Faschings- oder Silvesterveranstaltung). So können wir Aufmerksamkeit erregen, falls jemand unvorhergesehen etwas zum besten geben will.

Wenn auch einer guten Tonqualität nicht abgestrichen werden soll, können wir ruhig überlegen, ob nicht eine Bandlaufgeschwindigkeit von 4,75 cm/s – selbstredend nur bei Spulengeräten – ausreicht. Die Qualität moderner Geräte erlaubt das bei Tanzmusik nämlich ohne weiteres, und Schnittschwierigkeiten, die bei der kleinen Bandgeschwindigkeit in anderen Fällen eine Rolle spielen könnten, gibt es hierbei kaum. Das werden Sie aber selbst entscheiden müssen. Nehmen Sie nämlich die Bänder aus Ihrem Archiv, ergibt sich die Bandgeschwindigkeit von selbst. Wir werden es nach Möglichkeit vermeiden, für eine Party Bänder mit unterschiedlichen Geschwindigkeiten zu wählen, damit es kein unnötiges Durcheinander gibt. Dem Thema Party haben wir jetzt viel Aufmerksamkeit gewidmet, doch meine ich mit Recht, denn viele behandeln ihr Tongerät dabei zu oft als Nebensächlichkeit. Gerade bei solchen Anlässen bietet sich Gelegenheit, mit unserem Hobby auch anderen Freude zu bereiten.

Wenn wir als Tonfan bekannt sind, bleibt es nicht aus, daß wir bei den vielfältigsten Gelegenheiten gebeten werden, in Aktion zu treten. Meist handelt es sich dann um gesellige Anlässe wie Betriebsfeste, Heimabende im Sportclub u. ä. Gegenüber den Vorbereitungen für eine Party ergibt sich kaum ein wesentlicher Unterschied; wir stimmen lediglich unser Programm und unser Repertoire auf den jeweiligen Personenkreis ab. Kinderfeiern zählen auch dazu. Denken Sie aber nicht, daß für Kinderfeiern ausschließlich Kinderlieder geeignet wären; auch Kinder tanzen schon gern. Nur sollte man die Musik dafür kritischer aussuchen, gleiches gilt natürlich für Sprecheinlagen.

Fast jedes Ferienlager verfügt heute über eine Lautsprecheranlage mit Rundfunkgerät, Plattenspieler, Bandgerät und (oder) Recorder. Betrachten Sie aber, falls Sie dafür verantwortlich sind, diese Anlage nicht als Marathonmusikmaschine. Es ist kaum angenehm für die Teilnehmer und auch im pädagogischen Sinne sicherlich nicht zweckmäßig, das Ferienlager von früh bis spät mit Musik zu beschallen, selbst wenn's Jugendlieder sind.

Das Gerät soll schließlich nicht ununterbrochen laufen, bloß weil wir eben eins dabeihaben. Heben wir es für Ausnahmefälle auf. Daß sich der obligate Lagerzirkus damit gut unterstützen läßt, versteht sich von selbst. Denken wir daran, wenn wir unseren Musikvorrat beschaffen. Zünftige Blasmusik darf ebensowenig fehlen wie der schon genannte Tusch. Sicherlich beginnt der Tag auch vergnüglicher, wenn die Kinder mit einem munteren Wanderlied geweckt werden, statt durch den mehr oder minder barschen Ruf: »Aufstehen!« oder gar eine Trillerpfeife. Für Regentage – manchmal hat Petrus sehr wenig Verständnis für unsere Gut-Wetter-Wünsche – nehmen wir einige Mitschnitte von Kinder- und Jugendsendungen des Rundfunks mit. Die Lagerteilnehmer sind stets begeistert, wenn wir einen Regentag damit ein bißchen aufhellen. Auch hier gilt für die Vorbereitung als oberstes Gebot, die Tonaufzeichnungen auf den Geschmack und die Auffassungsfähigkeiten der Kinder abzustimmen. Wir wissen ja beizeiten, Kinder welcher Altersgruppen sich im Ferienlager aufhalten werden. Wenn wir uns unserer Auswahl in bezug auf die Tonaufnahmen selbst nicht so ganz sicher sind, ziehen wir am besten einen erfahrenen Lehrer oder Pionierleiter als Berater hinzu. Auch während des Ferienlagers kann man dann noch Aufnahmen machen, etwa den Lagerchor aufzeichnen, oder per Band oder Kassette aus einem Betriebsferienlager akustische Grüße an die Angehörigen schicken. Sicher fällt uns noch manches andere ein. Vergessen wir aber nicht, daß die elektroakustische Übertragungsanlage der Größe eines solchen Lagers entsprechen muß. Für ein Zeltlager, das mehr als 50 bis 60 Kindern Platz bietet, reicht die Leistung von wenigen Watt eines Heimrundfunkempfängers keinesfalls aus. Steht kein größerer Verstärker zur Verfügung, bleibt uns nichts anderes übrig, als in solche Veranstaltungen mit dem Tongerät nur immer eine kleine Zahl Kinder einzubeziehen.

Paragraphen?
Paragraphen!

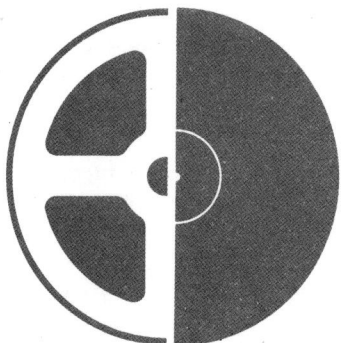

*Einiges Rechtliches
im Zusammenhang
mit Platte,
Tonband
und Kassette*

Bedenken Sie bitte, daß bei Rundfunk- oder Schallplattenaufnahmen sowohl Urheberrechte als auch Leistungsschutzrechte zu beachten sind. Sowohl der Autor (als Urheber) als auch der Interpret (als Leistungsschutzberechtigter) eines Tonwerkes haben bestimmte Rechte, gleichgültig, ob es sich um Musik oder ein literarisches Werk, eine Reportage, eine Dokumentation oder ähnliches handelt. Zu beachten ist in diesem Zusammenhang jedoch auch der Rechtsschutz für Betriebe, die Tonträgeraufnahmen herstellen, so vor allem der VEB Deutsche Schallplatte, gegen bestimmte Arten der Weiterverwendung von bespielten Tonträgern. Alle diese Rechte sind im wesentlichen im Gesetz über das Urheberrecht vom 13. 9. 1965 (GBl. I, Nr. 14) geregelt.

Näheres über die Rechtsgrundlagen bei Tonträgervorführungen finden Sie in Wedler, Fotorecht – Amateurfilmrecht, das im gleichen Verlag erscheint.

Außerdem enthält die Tabelle 12 am Ende des Buches die wichtigsten Gesetze und Verordnungen der DDR, die für die Durchführung öffentlicher Veranstaltungen mit Schallplatten- und Bandgeräten beachtet werden müssen.

Zwei andere Probleme gehören noch zu diesem Kapitel: Seien Sie nicht allzu sorglos bei heimlichen Tonbandaufnahmen von Nachbarn oder auch Freunden, die Sie vielleicht einmal aus Spaß machen. Abgesehen davon, daß die Wiedergabe solcher Aufnahmen in einem größeren Kreis sehr taktlos sein kann, besteht die Gefahr, daß dem Bekanntwerden derartiger Verhaltensweisen ein Zerwürfnis oder gar eine Klage folgen.

Hiermit steht das zweite Problem in einem gewissen Zusammenhang. Es könnte gelegentlich geschehen, daß Sie eine Aufnahme als Beweismittel in einem Rechtsfall verwenden wollen. (Meist sind derartige Aufnahmen ebenfalls ohne Wissen der betreffenden Person entstanden.) Bandaufnahmen sind jedoch als Beweismittel in Rechtsangelegenheiten nicht zugelassen.

Durch geschickten Schnitt des Bandes können unter Umständen ja Sinn und Inhalt z. B. einer Unterhaltung völlig entstellt werden. Doch lassen wir es dabei bewenden. Bestimmt haben Sie bei der Anschaffung Ihres Bandgerätes an so etwas überhaupt nicht gedacht, sondern wollen es für eine schöne und sinnvolle Freizeitgestaltung verwenden.

Wenn's an was fehlt: Man braucht nicht zu verzweifeln

Es ist eine alte Weisheit: Betreibt man ein Hobby, so stellt man sich nach kurzer Zeit heraus, daß es gewisse Dinge gibt, die es nicht gibt, mit anderen Worten, vieles Nützliche fürs Tonhobby ist nicht handelsüblich. Wer es haben möchte, muß es sich selbst schaffen. Aber gerade darin liegt mancher Reiz! Besonders die Bastler werden mir das bestätigen. Im folgenden geht es also um die Anfertigung einiger recht brauchbarer Gegenstände. Dazu ist noch zu sagen, daß die Beschreibung der elektrischen Hilfsmittel eine Anregung sein soll. Deshalb auch nur prinzipielle Schaltbilder dafür. Wer mit diesen Angaben etwas anfangen möchte, muß zumindest nach einem Schaltbild bauen können. Anderenfalls gibt es zahlreiche Rundfunkbastelbücher, in die auch hineinschauen sollte, wer sich tiefer mit diesen Problemen beschäftigen möchte.

Soweit elektrische Hilfsmittel zusammengebaut werden sollen, beachten Sie bitte folgendes:

Sie müssen löten können.

Verwenden Sie kein Lötfett oder gar -wasser, sondern nur Kolophonium als Flußmittel. Der Kolben – am besten ein Quarzlötkolben – muß ausreichend heiß sein; das Löten an Stecker- und Buchsen-Anschlußfahnen fordert große Sauberkeit, zumal die Kontakte zum Teil sehr dicht beieinander liegen, und das bedeutet Kurzschlußgefahr. Dabei passiert zwar kein Unglück, sondern einfach gar nichts, wenn Sie Ihr Produkt anwenden wollen.

Nur neue, einwandfreie Schaltelemente einbauen; uralte, verstaubte und korrodierte Reliquien aus irgendwelchen Bastelkisten gehören in den Müll! Auch bei ausgeschlachteten Bauteilen ist Vorsicht geboten. Neue kosten wahrlich nur Pfennige. Also keine falsche Sparsamkeit.

Doch zunächst geht es um eine Stroboskopscheibe. Die wenigsten Plattenspieler sind von vornherein damit ausgestattet. Die abgebildete Scheibe, die dem *ABC der Optik* mit freundlicher Genehmigung des VEB Brockhaus Verlag entnommen ist, können Sie kaum nachzeichnen. Machen Sie deshalb davon eine fotografische Reproduktion und vergrößern Sie das Negativ zurück. Etwa 10 cm Durchmesser sind am besten. Sie können diese Scheibe – eventuell auf Pappe geklebt – mit einem Mittelloch versehen und direkt verwenden. Ich habe sie mir, wie schon gesagt, auf meine Testschallplatte aufgeklebt, dort geht sie auch nicht verloren. Wie die Aufschrift zeigt, eignet sich die Scheibe für alle Schallplattenarten mit $33\frac{1}{3}$, 45 und 78 Umdrehungen pro Minute. Die anderen beiden Scheiben sind fürs Filmvertonen geeignet.

Eine Lösch- und Entmagnetisierungsdrossel gestattet das Löschen kompletter Tonbänder auf Spulen oder in der Kassette. Allerdings bereitet das Löschen von Bändern auf Chromdioxidbasis gelegentlich Schwierigkeiten, wenn die Drossel zu leistungsschwach ist. Außer-

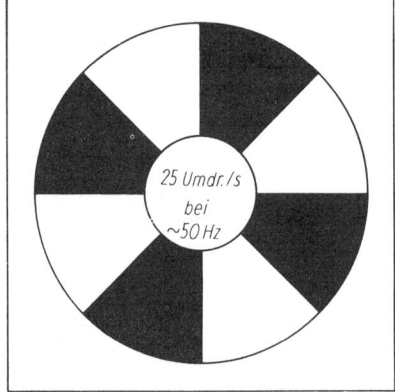

Stroboskopscheibe für Plattenspieler. Beim Beleuchten mit
50-Hz-Wechselstromlicht stehen die mittleren Strichspuren bei
33⅓, 45 oder 78 Umdrehungen/min scheinbar still. Glimmlampen machen den Effekt besonders gut sichtbar. Sie können sich
diese und die beiden anderen Vorlagen für den eigenen Gebrauch fotografisch reproduzieren.

Diese Stroboskopscheiben dienen zum Synchronisieren von
Filmprojektoren auf 16⅔ bzw. 25 Bilder/s.

dem kann man Werkzeuge wie Scheren, Schraubendreher und ähnliches einwandfrei entmagnetisieren.
Für den Bau eignet sich fast jeder ausrangierte Ausgangstrafo eines alten hochohmigen Lautsprechers
(3500...7000 Ω) zwischen 4 und 10 W Übertragungsleistung mit einem E-I-Kern oder auch eine ausgediente,
aber noch betriebsfähige Siebdrossel entsprechender
Größe. Für das Mustergerät fand ein 6-W-Trafo Verwendung. Voraussetzung ist selbstverständlich, daß die
Wicklungen noch in Ordnung sind.

Zunächst wird das I-Joch entfernt. Die hochohmigen
Anschlüsse müssen auf der geschlossenen Kernseite herauskommen. Ist das nicht der Fall, zieht man die Kernbleche vorsichtig heraus und stopft sie auf der anderen
Seite wieder hinein. Hierbei aufpassen und die Wicklungen nicht beschädigen! Provisorisch wird ein Netzkabel an die Wicklungen mit der höchsten Ohmzahl angelötet. Nach sorgfältiger Isolierung der Lötstellen mit
Isolierband schließt man nun an das Lichtnetz an. Die
offene Seite des Kerns muß Eisenteile jetzt kräftig anziehen. Nach einer Minute abschalten und die Erwärmung
kontrollieren. Wird die Spule mehr als handwarm, sind
der Trafo oder die Siebdrossel ungeeignet. Es bedarf
einer Leistung von wenigstens 200 W (entsprechend

Handelsübliche Löschdrossel zum Entmagnetisieren

Selbstgebaute Löschdrossel. In einem Senfbecher befindet sich der Ausgangstrafo des vorigen Bildes.

einer Stromstärke von ≈ 0,9 A am Lichtnetz), um ein Band sicher zu löschen. Gegebenenfalls versucht man es, natürlich geht das nur bei einem Trafo, mit der nächstniedrigeren Ohmzahl. Ist alles in Ordnung, entfernt man die Netzleitung wieder, bohrt in die Seite eines Plastbechers ein Loch, durch das die Leitung gerade paßt, zieht sie – Stecker außen – hindurch und lötet sie wieder an. Die niederohmige Wicklung wird nicht benötigt und bleibt frei. (Keinesfalls kurzschließen!) Bei einer Sieb-

drossel entfallen die Sekundäranschlüsse, es gibt nur zwei Spulenenden. Man schiebt das Ganze, offene Seite nach oben, in den Becher und zieht gleichzeitig vorsichtig an der Leitung, damit sich keine Schleifen bilden. Bei einem Kern mit Maßen 60×40×20 (ohne I-Joch) kann man ausgezeichnet einen Senfbecher verwenden. Die offene Kernseite muß mit dem Becherrand genau bündig stehen. Gegebenenfalls kann man die Höhe durch Ausstopfen mit Ölpapier ausgleichen. Der freie Raum des

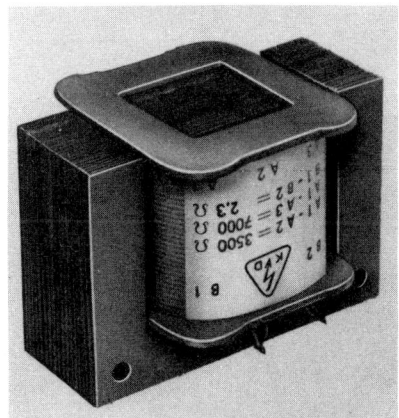

Zum Selbstbau einer Löschdrossel alter Ausgangstrafo

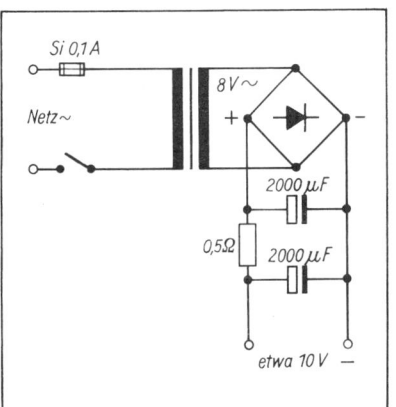

Schaltung eines einfachen Netzanschlußgerätes für 10 V

Bechers wird nun mit Akkuvergußmasse ausgegossen, die man in Starterbatterie-Ladestationen erhält. Notfalls genügt auch einfaches Stearin. Vorzüglich geeignet ist auch Silikonkautschuk, der u.a. unter dem Namen Cenusil gehandelt wird.

Nach dem Erkalten oder Abbinden wird der Deckel des Bechers aufgesetzt und mit Plastkleber aufgeklebt. Nun ist alles berührungssicher, und das Gerät kann ans Netz angeschlossen werden. Bänder werden gelöscht, indem man mit der Deckelseite langsam dicht über die Tonbandspule oder Kassette fährt. Eine Minute muß reichen, um das Band restlos zu löschen, sonst ist die Leistungsaufnahme zu schwach. Länger sollte die Drossel auch nicht eingeschaltet bleiben, damit sie sich nicht zu stark erwärmt. Beachten Sie auch, daß die Drossel erst mindestens $\frac{1}{2}$ m von der Spule entfernt wird, ehe man abschaltet. Sonst können Zischgeräusche auf dem Band bleiben. Zum Entmagnetisieren von Werkzeugen, Nadeln, Scheren und dergleichen werden diese Gegenstände einfach dicht am Deckel der eingeschalteten Löschdrossel vorbeigezogen. Vorsicht bei feinmechanischen Geräten aus Eisen oder Stahl: Uhren, Meßinstru-

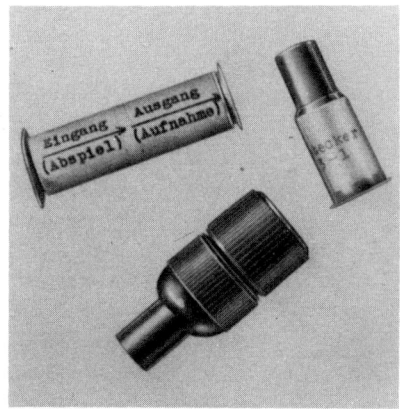

Überspielstecker. Oben links (mit zwei Diodendosen) ein Selbstbau-Dämpfungsglied zum Schalten zwischen zwei übliche Diodenkabel, unten ein handelsüblicher Dämpfungsstecker, der in das Aufnahmegerät kommt, und in den das Diodenkabel gesteckt wird. Oben rechts ein Wechselstecker, der lediglich die Anschlüsse 1 und 3 tauscht (wenn keine Dämpfung notwendig ist).

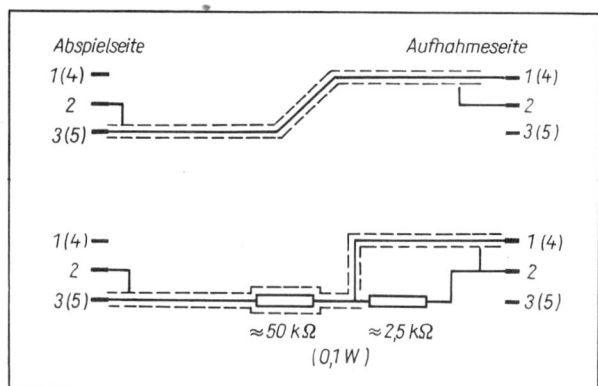

Schaltung eines Überspielkabels ohne (oben) und mit (unten) Dämpfungsglied. Es spielt keine Rolle, ob beiderseits Diodendosen oder je ein Stecker und eine Dose benutzt werden. Die Zahlen in der Klammer geben an, welche Kontakte für Stereoüberspiel – im übrigen genauso – angeschaltet werden. Achten Sie bei einem Stereo-Dämpfungsglied darauf, daß die Widerstände für beide Kanäle identisch sein müssen, anderenfalls gibt es Balanceschwierigkeiten.

mente u.ä. sollten von der Drossel möglichst entfernt gehalten werden, das kräftige Magnetfeld kann die feinen Achsen verbiegen und die Dauermagneten der Meßinstrumente schwächen.

Ein Niederspannungsnetzgerät für Batteriegeräte wird am einfachsten mit einem Klingeltransformator, der sekundär 8 V abgibt, aufgebaut. Die Ausgangsspannung liegt dann um 10 V. Auf jeden Fall müssen die Siebkondensatoren sehr reichlich dimensioniert sein, andernfalls sind Brumm- oder Blubbererscheinungen zu erwarten. Es ist überhaupt zu überlegen, ob ein reiner Batteriebetrieb nicht besser wäre, denn ein entscheidender Vorteil vieler Geräte liegt in ihrer Netzunabhängigkeit. Andererseits, und dann wird man gern zu einem solchen Gerät greifen, sind Batterien wegen ihrer beschränkten Lebensdauer im Dauergebrauch recht teuer. Im stationären Betrieb lohnt sich also dieses Gerät. Sollten Sie andere Spannungen benötigen, läßt sich bei gleicher Schaltung dieses Gerät auch für alle weiteren Spannungen zwischen etwa 5 und 25 V aufbauen. Eine Faustregel besagt, daß die Ausgangsspannung je nach Belastung rund 20...25 % *über* der Transformatorausgangsspannung liegt.

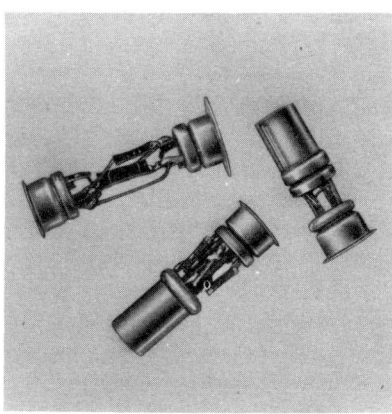

Stecker des vorigen Bildes in gleicher Lage, geöffnet

Um Tonbänder zu kopieren oder Schallplatten auf Band zu überspielen, braucht man eine Kopierleitung nach Seite 120 (oben), sollte das aufnehmende Bandgerät keine Phonobuchse aufweisen. Manchmal ist jedoch die abgegebene Tonspannung zu groß, und die Aufnahme verzerrt. Dann bedarf es eines Dämpfungsgliedes (Bild unten). Wegen der Übersichtlichkeit ist hier nur ein Monoglied dargestellt. Es ist auch möglich, zwei Diodendosen zu einem Dämpfungsglied zusammenzubauen, die Schaltung ist die gleiche. Dieses Glied kommt beim Gebrauch zwischen die Diodenkabel der beiden Geräte. Für Stereozwecke wird es mit zwei Dämpfungsgliedern (das zweite zwischen 5 – Abspielseite und 4 – Aufnahmeseite) gebaut.

Besteht zwischen Mikrofon und Bandgerät keine Sichtverbindung, so braucht man eine Verständigungsanlage. Zur Verwendung kommen Glimmlampen der entsprechenden Netzspannung in passenden Halterungen und normale Tipp-Schaltkontakte, die aber unbedingt berührungssicher sein müssen und für 220 V vorgesehen sind. Der Bau mit 4...6-V-Lämpchen, die dann natürlich über einen entsprechenden Klingeltransformator gespeist werden, ist ohne weiteres möglich. Man muß dabei lediglich bedenken, daß bei langen Leitungen der relativ hohe Widerstand der Verbindung einen Spannungsabfall verursacht. Dadurch leuchten die Lämpchen nur schwach auf.

Im Mustergerät wurden zur Verbindung je eine zwei- und dreiadrige Netzleitung benutzt. Nur bei Schwachstrom ist die Verwendung von Klingelleitung zulässig.

Wie schon erwähnt, kann man Ferngespräche auf Band aufnehmen. Dort wurde auch bereits gesagt, daß Eingriffe in Fernsprechanlagen verboten sind. Für den Selbstbau eines Adapters eignet sich recht gut ein normaler Kopfhörer in magnetischer Ausführung, von dem wir jedoch nur eine Hörmuschel brauchen. Stereohörer in dynamischer Ausführung sowie niederohmige Kopfhörer (5 Ω...15 Ω) sind *nicht* geeignet. Am günstigsten ist ein hochohmiger Hörer mit 2000...4000 Ω Spulenwiderstand. Wir schrauben den Hörer auf und entfernen die Membran. Gegebenenfalls löten wir ein neues Kabel, einadrig-abgeschirmt, an die Spulenanschlüsse; die Kabelseele an den einen, die Abschirmung an den anderen. Das andere Kabelende wird mit einem Diodenstecker – Seele an 1, Abschirmung an Masse und 2 – versehen und beim Gebrauch in die Mikrofonbuchse des Bandgerätes gesteckt. Um nun aufnehmen zu können, muß man die günstigste Stelle des Fernsprechers finden. Das Bild S.124 zeigt diese beim Fernsprechertyp Variant. Manchmal geht es besser, wenn diese Muschel mit Isolierband oder Heftpflaster an den Telefonhörer hinter der Hörmuschel angebracht wird. Das muß man einfach ausprobieren. Es ist noch zu bemerken, daß sich alte Fernsprecher mit einem Eisengehäuse für einen Adapteranschluß kaum eignen, weil Eisenblech das magnetische Streufeld der Sprechspule abschirmt.

Bei der Bandaufnahme hört man beide Partner mit Te-

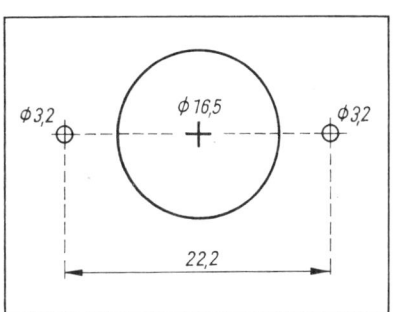

Standard-Einbaumaße für eine Diodendose

Was sonst noch nützlich sein kann   121

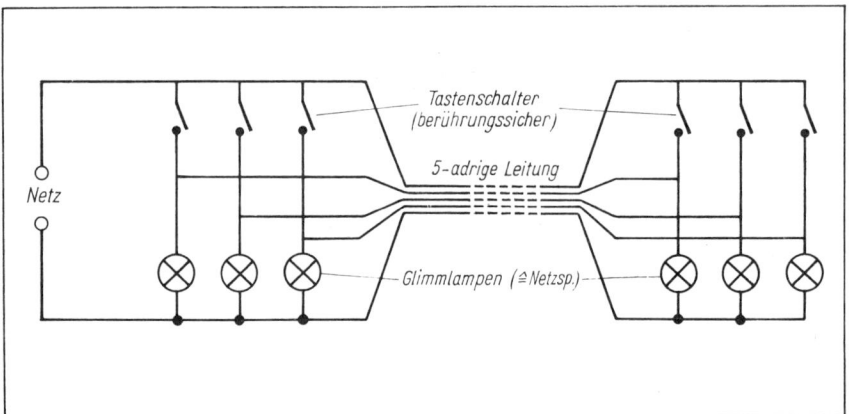

Schaltung einer Verständigungsanlage für Netzbetrieb. Die Tastenschalter müssen unbedingt für 220 V zugelassen sein, anderenfalls sind anstelle des Lichtnetzes eine Batterie und statt der Glimmlampen Glühlämpchen entsprechend der Batteriespannung zu verwenden.

lefonstimme, den Fernpartner normalerweise etwas leiser. Bitte achten Sie bei solchen Aufnahmen darauf, daß der Partner über den Mitschnitt informiert ist, sonst kann es Ärger geben!

Einen Stereomikrofonadapter benötigen Sie, wenn zwei Monomikrofone zu Stereoaufnahmen an ein Bandgerät angeschlossen werden sollen, das nur über einen Stereomikrofonanschluß verfügt. Sie brauchen dazu:
einen 5poligen Diodenstecker,
zwei Diodenkupplungen (hier genügen 3polige, falls Ihre Mikrofone nur 3polige Stecker haben),
etwas (15...20 cm) einadriges, abgeschirmtes Kabel, das in zwei gleichlange Stücke geteilt wird.

Größere Längen sind ohne weiteres möglich, die Gesamtkabellänge soll aber vom Mikrofon bis zur Eingangsdose bei mittelohmigen Mikrofonen 10 m, bei hochohmigen 1 m nicht überschreiten. Achtung, meist erfordern derartige Bandgeräte Mikrofone < 5000 Ω, hochohmige Typen eignen sich dann nicht!

Die Verbindung des Steckers mit den Kupplungen ergibt sich eindeutig aus dem Schaltbild. Alle nicht benutzten Kontakte bleiben frei: *nicht* mit Masse verbinden, es könnten ungewollte Kurz- oder Nebenschlüsse der Tonspannung entstehen.

Sollten Sie ein Bandgerät haben, bei dem der Stereomikrofonanschluß dem Standard (TGL 28 200/05, bei ausländischer Fabrikation auch DIN 41 524) nicht entspricht, entnehmen Sie dem Schaltplan des Gerätes die Anschlußbeschaltung. Mit der passenden Steckvorrichtung kann dann der Adapter sinngemäß zusammengebaut werden.

Wenn Sie Schallplatten sammeln, bedarf es natürlich einer gewissen Archivordnung, aber die ist hierbei recht einfach. Neuere Schallplattenhüllen tragen den Titel der zugehörigen Platte auf dem Rücken wie ein Buch. Je nach Anzahl der Platten teilen Sie nun in Sachgruppen ein, am einfachsten nach ernster und heiterer Musik, bei größerem Umfang auch feiner untergliedert: Sprechplatten, klassische Konzerte, moderne Konzerte, Oper, Operette, Musical, Tanzmusik usw. usf. Empfehlenswert ist das Aufstellen der Platten in einem ausreichend hohen Regalfach, denn mehr als 20...25 Platten sollen nicht aufeinander liegen, zumindest ist es reichlich umständlich, dann ausgerechnet die dritte Platte von unten hervorzuzerren. Mit geeigneten ausreichend großen und vielleicht farbig bezogenen Pappen lassen sich die Genres trennen, da kann jeder individuell schöpferisch werden. Ein Heft, bei größerer Anzahl eine entsprechende Kar-

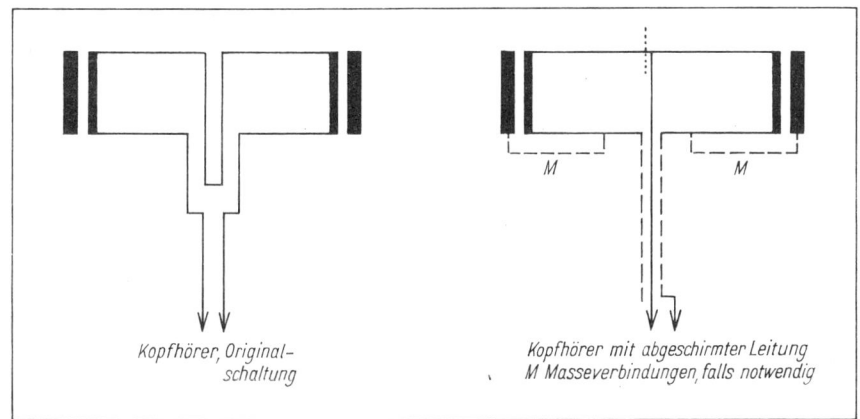

Kopfhörer, Original-
schaltung

Kopfhörer mit abgeschirmter Leitung
M Masseverbindungen, falls notwendig

Empfehlenswerte Neuschaltung eines (hochohmigen!) Funk-
kopfhörers zur Verwendung als Fernsprecheradapter. Auch in
der neuen Schaltung bleibt der Hörer für seinen ursprünglich
vorgesehenen Einsatz praktisch voll funktionstüchtig. Sollten
Sie nur eine Muschel des Hörers benutzen wollen, gilt für das
Neuschalten der Teil rechts der gestrichelten Linie.

tei können die Archivliste bilden, kurzum, das Plattenarchiv bringt diesbezüglich kaum Probleme, zudem ja
alle Etiketten auf den Platten dauerhaft aufgeklebt sind.

Etwas anders sieht die Sache jedoch bei Tonband und
Kassette aus. Sicherlich werden Sie sich ein möglichst
reichhaltiges Archiv an Aufnahmen zulegen, das dann
für die verschiedensten Zwecke jederzeit greifbar ist:
Tanzmusik, Musikwerke für besinnlichere Stunden,
Hörspiele, die Ihnen so gefallen, daß Sie sie gelegentlich
gern ein zweites Mal anhören möchten, Märchen, Unter-
haltungssendungen und vieles andere mehr. Lassen Sie
mich Ihnen hierzu einen guten Rat auf den Weg geben:
Nichts ist unangenehmer als ein wildes Durcheinander
im Archiv. Seien Sie konsequent und halten Sie peinli-
che Ordnung. Sie werden sich später selbst dankbar sein.
Dazu ist es notwendig, zunächst einmal grundsätzlich
die Genres zu trennen. Beethoven und Offenbach passen schlecht zusammen auf eine Spule, und ein Kinder-
märchen hat selten mit einem Schlager etwas gemeinsam. Manchmal wird es nicht möglich sein, beide
Bandlaufrichtungen voll auszunutzen. Versuchen Sie
nicht, mit aller Gewalt beide Richtungen vollspielen zu
wollen, das ist Sparsamkeit am falschen Platz. Lassen Sie
nach der Aufnahme das Band wieder zurückrollen, und
bezeichnen Sie es am Anfang auf dem Vorspannband
möglichst genau. Die mattierte Seite der Vorspannbän-
der läßt sich mit einem weichen Bleistift oder mit Tinte
leicht beschriften. Auch auf dem Nachspann ist die gleiche Kennzeichnung zu empfehlen. Weniger wichtig ist
die Beschriftung des Spulenkörpers selbst. Mehr als einmal wird das Band auf eine andere Spule zurückgerollt,
dann stimmt die Spulenbezeichnung mit dem Band
nicht mehr überein und schafft nur Verwirrung. Zu jedem Band gehört dagegen ein bestimmter Karton, den
man genauso wie das Band selbst beschriftet. In diesen
Karton kommt es immer wieder hinein. Damit ist zumindest eine Grundordnung gewahrt. Auf dem Karton
können außerdem noch nähere Angaben gemacht werden, für die auf dem Vorspann der Platz nicht ausreicht.
In der Praxis sieht das etwa folgendermaßen aus:
(Text auf dem Band:) *Opernmusik I*
(Text auf dem Karton:) *Opernmusik I*
Vorlauf: *Ouvertüre Fliegender Holländer – Steuermann laß die*

Praktische Ausführung der Verständigungsanlage; sie wird zweifach gebraucht.

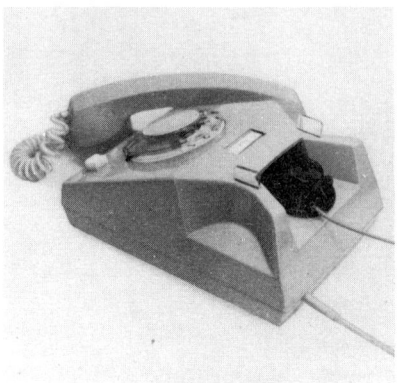

Das ist die günstigste Lage der Kopfhörermuschel (ebenfalls natürlich ohne Membran) als Adapter beim Fernsprechertyp Variant, auch eine recht unkomplizierte Lösung.

Wacht – Potpourri aus Barbier von Sevilla – Vorspiel Rigoletto – O, wie so trügerisch
Rücklauf: *Sagt, holde Frauen – Ouvertüre Zauberflöte – (am Bandende Rücklauf 13 min leer)*
    Eine Anregung zeigt S. 126. Wenn wir uns nicht in größere Unkosten dafür stürzen wollen, genügt es auch, diese kleine Ordnungshilfe mit der Schreibmaschine

Bei dem älteren Fernsprechapparat W 63 enfernt man einfach die Membranen aus dem Kopfhörer und klemmt die Muscheln mit dem Kopfbügel fest, wie das Bild zeigt. Damit können Ferngespräche einwandfrei aufgenommen werden: einfacher geht's nicht.

oder einem Stempel anzufertigen, den wir nach unseren Angaben herstellen lassen. Mit Büro-Vervielfältigungsverfahren oder fotografisch geht's natürlich auch.
    Kassetten tragen oft schon ein Etikett, das brauchen wir nur auszufüllen. Bei häufigem Neubespiel lohnt sich aber auch dafür ein Etikett, das wir aufkleben können.
    Wie wir das Archiv dann weiter ordnen, muß jedem selbst überlassen bleiben. Bei großem Umfang lohnt sich eine Unterteilung, wie für Schallplatten schon vorgeschlagen. Es ist auch ohne weiteres möglich, statt der Pappkartons zur Aufbewahrung von Tonbändern runde Dosen aus Plaste zu benutzen, wie sie für 8-mm-Schmalfilm preiswert im Handel sind. Wenn Sie häufig Aufnahmen kürzerer Dauer machen, ist dieser Weg vielleicht besonders praktisch. Man kauft sich das Band in größeren Längen und wickelt auf kleinere Spulen um. Dazu eignen sich ganz ausgezeichnet alte Standard-8-mm-Filmspulen, worauf die Entwicklungsanstalten die Filme zurücksenden und die meist sonst im Müll ihr Ende finden. Diese Spulen passen nämlich auf Tonbandgeräte. Kartons sind dafür allerdings schwer oder gar nicht zu bekommen.
    Die Filmdosen beschriften wir ebenso, das Etikett muß dann natürlich rund sein. Manchmal macht das Bekleben der Dosen, häufig auch lackierter Pappschachteln, einigen Kummer. Solange der Klebstoff noch nicht ge-

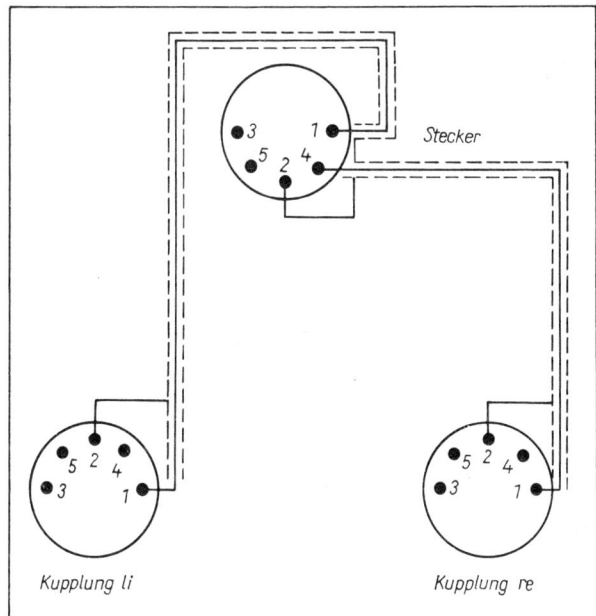

Schaltung für einen Stereo-Mikrofonadapter. An die Kupplungen werden Monomikrofone für rechts und links angeschlossen, der Stecker kommt am Gerät in die Buchse für das Stereomikrofon.

Kassetten kann man gut aufstellen. Etiketten bitte wieder lösbar aufkleben, denn mit vier bis fünf derartigen Etiketten wird die Kassette schon so dick, daß sie sich nur schwer einlegen läßt, sie klemmt dann.

Wenn sich im Laufe der Zeit sehr viele Tonbänder angesammelt haben, ist das Suchen bestimmter Aufnahmen immer recht kompliziert. Dann lohnt sich die Anlage einer Kartei, unter Umständen sogar einer Kerblochkartei. Bei dieser Art der Archivierung teilt man die Aufnahmen wieder in bestimmte Gruppen, z.B. Musik, Hörspiele, Literatur, Tondokumente usw., und diese Gruppen wiederum in Untergruppen, z.B. Musik in Klassische Musik, Opernmusik, Sinfonien, Kammermusik, Unterhaltungsmusik, Tanzmusik usw. Da jeweils zwei Kerblochreihen vorhanden sind, kann die innere Reihe für Eigenaufnahmen gekerbt werden. Es gibt sehr viele Variationsmöglichkeiten, die bestimmt jeden Tonbandfreund seine geeignete Einteilung finden lassen.

Sind mehrere Stücke auf einem Tonband vereint, lohnen sich auch Stellenhinweise. Hierbei richtet man sich nach den Möglichkeiten: Zählwerk- oder Banduhrstellung, Zeithinweise u. dgl.

trocknet ist, hält alles schön fest, dann aber springen die Etiketten plötzlich wieder ab. Das geschieht auf Plastdosen bisweilen sogar mit Alleskleber! In diesen Fällen bewährt sich Gummilösung. Das Etikett wird so aufgeklebt, als wolle man einen Fahrradschlauch flicken. Bei Bedarf kann man das Etikett unschwer wieder lösen.

Die Aufbewahrung ist nicht ganz so leicht wie bei eckigen Kartons, weil Büchsen zu rollen pflegen und gerne aus dem Regal kullern. Hier hilft entweder eine kleine auf das Regalbrett geleimte Leiste oder wir kaufen uns Tonbandständer, die in ähnlicher Form wie die früheren Schallplattenständer hergestellt werden. Es gibt auch kleine Transportköfferchen. Sie sind zwar teurer als eine einfache Leiste, eignen sich dafür aber für verschiedene Spulengrößen. Die Leisten auf dem Regal halten dagegen nur ein bestimmtes Format wackelfrei fest. Darüber hinaus gibt es auch abgeflachte Plastdosen.

Tonbanddosen mit Etiketten. Oben entsprechend dem Vorschlag vom vorigen Bild, unten eine etwas phantasievollere Ausführung für die Butterfly-Ouvertüre

Was sonst noch nützlich sein kann 125

Glücklicherweise sind moderne Bänder magnetisch ausreichend »hart«, und der früher nie fehlende Tip, sie fern von Eisenmassen und Elektromotoren aufzubewahren, ist inzwischen hinfällig. Trotzdem sollte man vielleicht einen Panzerschrank als Aufbewahrungsort vermeiden, Schrankwand oder Regal sind geeigneter.

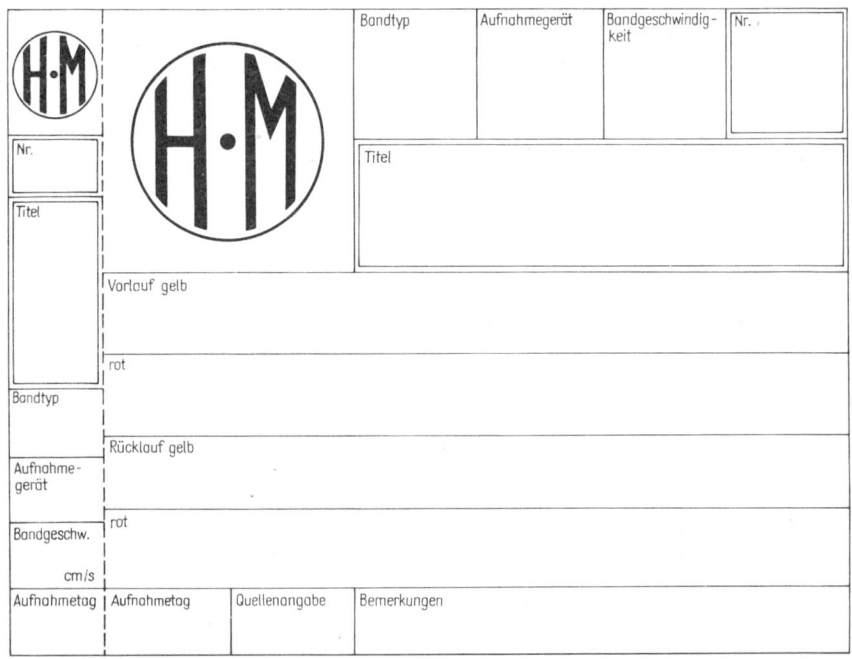

Kerblochkarte für eine Bandarchivkartei. Ähnliches läßt sich selbstverständlich auch für eine Schallplattenarchivkartei anlegen.

Etiketten für Tonbandschachteln und -dosen

Wenn der Ton mal nicht gut klingt

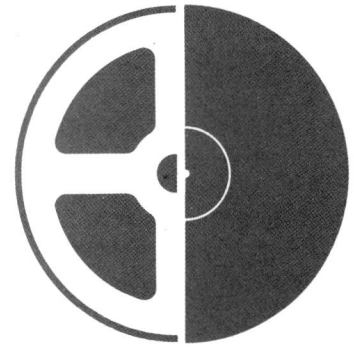

Jemand hat einmal seinen Staubsauger demontiert, weil der streikte. Auf die Idee, daß die Steckdose keinen Strom führte, kam er zuletzt. Damit uns Ähnliches nicht passiert, will ich im folgenden auf die häufigsten Fehler hinweisen und Tips zum Abstellen geben. Ich setze dabei immer voraus, daß Ihr Gerät prinzipiell in Ordnung ist, sonst müßte es ohnehin zur Reparatur. Fehlerbeseitigungen, die Sie besser dem Fachmann überlassen, wenn Sie selbst keine Bastelerfahrung besitzen, sind im folgenden mit einem dicken Punkt gekennzeichnet.

Die Wiedergabe einer Schallplatte klingt unsauber, es rauscht zu stark
Nadel verbraucht, schnellstens wechseln

Die Schallplattenwiedergabe klingt schief, ein Lautsprecher tönt wesentlich lauter, was sich auch mit dem Balanceregler nicht ausgleichen läßt
Das Kristallsystem beginnt zu altern, neues System einsetzen.

Die Plattenspielerwiedergabe beginnt zu jaulen
Teile des mechanischen Antriebs sind schwergängig geworden. Säubern und neu ölen ●

Eine Schallplatte klingt plötzlich seltsam hell, der Musikrhythmus stimmt nicht mehr
Falsche, zu schnelle Umdrehungsgeschwindigkeit; auf 33 stellen

Eine Schallplatte klingt plötzlich seltsam dunkel und »getragen«
Falsche, zu langsame Umdrehungsgeschwindigkeit; auf 45 stellen

Beim Überschreiten einer bestimmten Lautstärke heult die Schallplattenwiedergabe auf
Akustische Rückkopplung auf mechanischer Basis (s. Seite 45); Lautsprecher und (oder) Plattenspieler auf weiche Unterlage stellen

Bei einer Mikroaufnahme heult und pfeift es
Akustische Rückkopplung. Stellen Sie den Kontrolllautsprecher leiser, oder gehen Sie mit dem Mikrofon weiter von ihm weg.

Bei der Tonbandwiedergabe gibt's plötzlich Knistergeräusche
Statische Aufladung. Sicher haben Sie das Band unmittelbar vor dem Abspielen umgerollt. Das Knistern verschwindet nach kurzer Zeit von selbst.

Dynamik bei einer Bandaufnahme fehlt, gegebenenfalls ist bei Sprech- oder Musikpausen übermäßiges Rauschen zu hören
ALC war eingeschaltet. Wo das nicht nötig ist, steuern Sie besser mit der Hand aus.

Das Verhältnis der Aufzeichnung zum Rauschen ist unbefriedigend
Zu leise Aufzeichnung. Haben Sie aus Angst vor

Übersteuerung den Lautstärkeregler beim Aufnehmen nicht weit genug aufgedreht?

Laute Stellen der Aufzeichnung krächzen abscheulich
Zu laute Aufzeichnung. Stellen Sie die Aufnahmelautstärke so ein, daß auch Fortissimostellen noch nicht übersteuert werden.

Die Wiedergabe ist unsauber und zu leise
Falscher Bandtyp eingestellt. Sie haben vergessen, den Recorder auf Eisenoxid- bzw. Chromdioxidband umzuschalten. Oder Sie haben den falschen Kassettentyp gekauft.

Die Wiedergabe eines Bandes klingt auf allen Geräten dumpf, keine Höhen
Aufnahmekopf des Aufnahmegeräts abgenutzt oder verschmutzt. Er wird, wenn er zugänglich ist, vorsichtig mit einem benzingetränkten Lappen oder dem speziellen Kopfreiniger gereinigt, sonst ●

Die Spulenbandwiedergabe klingt so dumpf, daß die Sprache kaum zu verstehen ist
Das Band wurde von der verkehrten, unbeschichteten Seite bespielt. Machen Sie eine Neuaufnahme, dabei beachten, daß die Schichtseite zu den Köpfen weist.

Die Spulenbandwiedergabe klingt dumpf, die Sprache ist unverständlich, bei Musik läßt sich die Melodie nicht definieren.
Das Band läuft mit der Rückseite zu den Köpfen ab. Das Band wird geschränkt (zwischen Spule und erster Umlenkrolle ½mal gedreht). Beachten Sie, daß alle Bänder richtig aufgespult werden.

Ein Band klingt vom Aufnahmegerät einwandfrei, auf anderen Geräten fehlen die Höhen, Fremdaufnahmen kommen von diesem Gerät ebenfalls ohne Höhen
Der Kombikopfspalt steht schief. Der Kopf muß justiert werden. ●

Eine bisher einwandfreie Aufnahme zeigt plötzlich Löcher, oder das Band ist gelöscht.
Beim letzten Abspiel wurde versehentlich auf Aufnahme geschaltet. Lassen Sie bespielte Bänder nie in Stellung Aufnahme ablaufen, damit kein Löschen erfolgt.

Klebestellen sind als Knackgeräusche zu hören
Die Schere war magnetisch. Verwenden Sie entweder eine Schere aus Plast oder führen Sie die magnetisierte Schere mehrere Male an einer Löschdrossel vorbei. Klebestellen lösen und noch einmal kitten.

Sobald eine Rundfunkaufnahme durchgeführt werden soll, ist im Lautsprecher nach dem Umschalten auf Aufnahme ein Pfeifton hörbar, den auch das Band aufnimmt
Die Hochfrequenz der Vormagnetisierung bildet mit einer Oberwelle zur Zwischenfrequenz des Radios einen Interferenzton. Verstellen Sie die Vormagnetisierungsfrequenz etwas. ●

Ein nicht beschriebener Mangel tritt auf
Bedienungsfehler! Werden Sie nicht nervös und gehen Sie die Bedienungsanleitung noch einmal systematisch durch. Wenn Ihr Gerät in Ordnung ist, werden Sie den Fehler schnell selbst entdecken.

Pflegen mit Überlegen

*Zum guten Aussehen
unserer Geräte
und zum Nutzen
der Materialien*

Heute dürfte es kaum noch eine Frau geben, die nicht mit Hilfe kosmetischer Raffinessen ihre Reize zu betonen wüßte, aber nicht auch gleichzeitig ihre Kosmetika pflegend anwendet. Weil wir unsere Tongeräte auch ein wenig lieben, sie sich aber nicht selbst pflegen können, wollen wir als Besitzer für gutes Aussehen und gute Pflege sorgen. Eigentlich ist das schon verkehrt gesagt, denn zuerst soll die Pflege kommen, der erfreuliche Anblick ergibt sich dann von allein.

Jedes Gerät wird in einem Behälter geliefert. Nach dem Gebrauch, zumindest aber für längere Ruhepausen, packen wir es dort wieder hinein. So ist es am besten vor Staub und Feuchtigkeit geschützt, beides die schlimmsten Feinde unserer Anlage. Staub schadet den mechanischen Teilen, er wirkt wie Schmirgel und sorgt langsam, aber sicher für vorzeitigen Verschleiß, besonders bei Schallplatten. Außerdem setzt er sich gern an Tonköpfen ab, damit gehen die Höhen bei der Wiedergabe, schlimmstenfalls schon bei der Aufnahme, verloren. Ein wenig Staub setzt sich immer ab, auch bei größter Sorgfalt und Achtsamkeit. Wir entfernen ihn mit einem weichen Pinsel und achten darauf, den Staub nicht in das Gerät zu wischen. Soweit wir mit dem Pinsel hingelangen, können wir gleiches bei der Bandführung tun und dabei auch Bandabrieb – er sieht aus wie brauner Staub – mit beseitigen. Vorsicht mit den Tonköpfen: Verkrustete Ablagerungen kleben manchmal unwahr-

scheinlich fest. Was wir mit einem dünnen (!) Streichholz nicht wegbekommen, lassen wir in der Werkstatt säubern. Amateure können dejustierte Tonköpfe kaum wieder in die richtige Lage bringen, und verkratzte Tonköpfe wirft der Fachmann in den Müll.

Der Schutz vor Feuchtigkeit gilt zwar als Selbstverständlichkeit, doch wird gerade gegen dieses Prinzip oft gesündigt.

Schon ein Transport des Gerätes im Regen läßt trotz der Schutzhülle Feuchtigkeit eindringen, und einige der elektronischen Bauteile haben das gar nicht gern. Passiert es doch einmal, lassen wir, zu Hause angelangt, das Gerät sofort 10...15 min leer laufen, dann trocknet es von selbst. Gefährlicher ist verborgene Feuchtigkeit am Aufbewahrungsort. Keller sind nie ganz trocken – gut, dort bewahren wir das Gerät bestimmt nicht auf –, aber auch mancher Bodenraum wird bei Regenwetter feucht, und auch dort sollten also das Tonband und seine Verwandtschaft nicht zur Ruhe gebettet werden. Die für Wohnräume als normal anzusehende Luftfeuchte (50...60 %) und -temperatur bekommt ihm am besten. Dann brauchen wir auch nicht zu befürchten, daß es beim Temperaturwechsel beschlägt. War einmal ein Transport zu guten Freunden nötig, und das Faschingswetter kalt und feucht – siehe oben!

Aus batteriebetriebenen Geräten entfernt man verbrauchte Batterien möglichst sofort. Sie nützen uns sowieso nichts mehr. Im Gerät dagegen können sie korrodieren oder auslaufen und Schaden anrichten. Verbrauchte Leak-proof-Batterien zersetzen sich ebenfalls mit der Zeit. Auch bei längeren Betriebspausen nehmen wir die Batterien heraus, ehe sie ihr zerstörendes Werk beginnen.

Geiz wirkt hier als Bumerang, denn die paar Mark, die wir allenfalls an den Batterien zu sparen trachten, verlangt potenziert später der Reparaturbetrieb …

Moderne Tongeräte werden immer mehr wartungsarm hergestellt, manchmal sogar als wartungsfrei bezeichnet. Das ist aber geschummelt, denn Schutz vor Staub und Feuchtigkeit gehört doch auch zur Wartung. Lesen Sie bitte genau in der Betriebsanleitung nach, was dort über die Verwendung von Öl gesagt wird. Ölen Sie dann aber auch wirklich nur die Teile, für die es angegeben ist. Jetzt dürfen Sie nicht nur, jetzt sollen Sie sogar geizig sein. Das heißt allerdings nicht, das billigste Öl zu kaufen. Soweit der Hersteller nicht so freundlich war, dem Gerät ein gefülltes Ölkännchen beizufügen, besorgen Sie sich harz- und säurefreies Mechaniköl (Nähmaschinen- oder Fahrradöl, noch besser *Öl für Großuhren*). Die Empfehlung, geizig zu sein, bezieht sich auf die Anwendung. Ein winziges Tröpfchen an die vorgesehene Stelle genügt. Dazu ein kleiner Trick: Aus den Schnäbeln der Ölkännchen fließt immer gleich ein großer Tropfen. Wir biegen uns eine Büroklammer auf und tauchen sie kurz in das Öl, natürlich geht das auch mit einem anderen dünnen Draht. Das Tröpfchen, das am Drahtende sichtbar hängen bleibt, ist genau die richtige Dosis. An Stellen, auf die die Betriebsanleitung nicht ausdrücklich hinweist, hat Öl aber nichts zu suchen! Viele Geräte haben Lager, die aus Material- und Formgründen nicht geölt werden dürfen. Öl führt hier todsicher zu Störungen, wenn nicht sogar zu *Zerstörungen*. Gummiteile, wie die Antriebsriemchen oder die Andruckrolle, werden von Öl ebenfalls angegriffen, klebrig, und sie zersetzen sich. Sie sehen also, daß man auch beim Ölen etwas nachdenken sollte.

Kommen wir nun zur dekorativen Kosmetik unseres Gerätes.

Eigentlich ist mit dem Entfernen des Staubes schon alles getan. Nun bleibt es aber nicht aus, daß sich vom häufigen Anfassen nach und nach Flecke bilden, Wischspuren bleiben, kurzum, das Äußere ein bißchen leidet. Hier müssen wir nun unterscheiden zwischen Tongeräten in Plast- und Holzgehäusen. Die Plastwerkstoffe, die für Gehäuse Verwendung finden, lösen sich fast durchweg in Reinigungsmitteln auf, die Fleckenwasser heißen. Versuchen wir, einen Schmutzfleck mit solchen Wässerchen zu beseitigen, entsteht sofort und unentfernbar eine rauhe Stelle: Der Teufel ist weg, der Gestank ist geblieben. Läßt sich ein hartnäckiger Fleck mit einem (schwach!) feuchten Läppchen nicht entfernen, versuchen wir es mit Spiritus, probieren aber sicherheitshalber an einer etwas verdeckten Stelle, ob der Plast davon nicht blind wird. Neutrale Möbelpolituren oder spülmittelversetztes Wasser eignen sich oft auch; probieren wir es auf die gleiche Weise. Rubbeln Sie mit dem trockenen Staublappen nicht unnötig auf dem Gehäuse herum. Durch das Reiben entstehen elektrostatische Aufladungen, und die ziehen den Staub besonders begierig an. Seien Sie mit Pflegemitteln überhaupt zurückhaltend. Manche Möbelpolituren gehen im Laufe der Zeit Verbindungen mit dem Plast ein, das gibt dann auch häßliche Flecke, die Sie nicht wieder wegbekommen. Nehmen Sie darum, wenn überhaupt, Spezial-Plastpflegemittel. Bohnerwachs hat auf dem Tongerätgehäuse nichts zu suchen! Seine Konsistenz bedingt, daß der Staub sehr fest kleben bleibt, und mit Mitteln, die Plast nicht angreifen, bekommt man Bohnerwachsschichten kaum jemals wieder ab. Der Vorteil der Plastgehäuse liegt in ihrem geringen Pflegebedürfnis, das sollten Sie nutzen.

Holzgehäuse pflegen wir wie gute Holzmöbel. Das Angebot an entsprechenden Pflegemitteln ist groß, und im Prinzip sind alle gut. Auch hier zeigt sich in weiser Beschränkung der Pflegemeister. Wie beim Ölen: Viel hilft *nicht* viel. Ein Hauch läßt Glanz strahlen, und mehr wollen Sie doch nicht erreichen. Zur Platten- und Bandpflege gibt's wenig zu vermerken. Daß man Schallplatten vor jedem Abspielen mit einem Antistatiktuch abwischt oder – nach meiner Erfahrung noch besser – mit einer Antistatikbürste abfegt, hat sich schon herumgesprochen.

Mehr als 30 °C haben die Platten auch nicht gern, sie

können sich dann wellen. Tonbänder auf Spulen läßt man beim Umrollen gelegentlich durch ein zusammengefaltetes Antistatiktuch gleiten, das säubert und verhindert gleichzeitig statisches Aufladen, das zu Knistergeräuschen beim Abspielen führen kann. Kassetten bedürfen weiter keiner Pflege, wenn wir sie immer in verschlossenen Dosen aufbewahren; Staubt dringt nur dann ein, wenn sie offen herumliegen bleiben (und dann ist er mordsschwer herauszubekommen!).

Sollten Schallplatten einmal sehr staubig geworden sein, was eigentlich nicht vorkommen dürfte, aber manchmal passiert's eben, versucht man eine Reinigung zunächst einmal mit der erwähnten Antistatikbürste. *Kein* Tuch benutzen, dann wirkt nämlich der Staub wie Scheuersand. Also Vorsicht. Bekommen Sie so den Staub nicht weg, waschen Sie die Platte mit einer maximal 30°C warmen Netzmittellösung (einfaches Abwaschmittel ohne Zusätze) so behutsam wie Urgroßmutters Kristallgläser ab, und lassen Sie die Flüssigkeit abtropfen. Am besten, das dürften Ihnen Ihre Platten schon wert sein, sie verwenden zu der Lösung destilliertes oder mit Ionenaustauscher (für Dampfbügeleisen oder Autobatterien) gereinigtes Wasser, dann gibt's keine Rückstände. Was sich nach dieser Prozedur an Schmutzteilchen noch auf der Platte befindet, läßt sich ohne Gefahr des Beschädigens nicht entfernen. Verboten: Benzin, Fleckwasser aller Art.

Behandeln Sie auch keine Schallplatte mit irgendwelchen Pflegemitteln, wie z. B. Möbelpolitur. Das (vielleicht!) bessere Aussehen danach erkaufen Sie auf jeden Fall später mit einer wesentlich schlechteren Tonwiedergabe und Rauschen, denn Staub klebt in der Mikrorille fest. *Den* bekommen Sie dann tatsächlich überhaupt nicht mehr weg.

Die Schallplatten sind innerhalb der Außenhülle im allgemeinen noch in einer zweiten Schutzhülle aus Plast oder Pergament untergebracht. Pergament ist besser, denn beim schnellen Herausziehen aus der Plasttasche entsteht auch wieder eine zusätzliche statische Aufladung = Staubanziehung. Um Verstauben beim Lagern überhaupt zu vermeiden, stecken Sie die Platten mit der Innenhülle so in die Außenhülle, daß die offene Seite der einen zur geschlossenen Seite der anderen kommt: Also Innenhülle mit der offenen Seite zuerst in die Außenhülle schieben. Dann hat's der Staub besonders schwer, sich gemütlich auf der Platte niederzulassen.

Sollten sich Schallplatten durch ungünstige und zu warme Lagerung gewellt haben, kann man versuchen, sie wieder plan zu bekommen, da wellige Platten keine gute Wiedergabe mehr zulassen: Man legt die Platte *ohne* Außenhülle zwischen zwei Glasscheiben. Sie müssen größer sein als die Platte und auf allen Seiten etwas überstehen. Das Ganze wird beschwert (1...2 dicke Bücher) und in einen warmen Raum gelegt, aber nicht wärmer als 30 °C. In einigen Tagen ist die Platte wieder ganz eben, manchmal dauert es auch ein bis zwei Wochen.

Bei größerer Wärmeeinwirkung glättet sich die Platte zwar zunächst schneller, aber nach dem Abkühlen wellt sie sich erneut und ist dann wahrscheinlich ganz verdorben.

Einige Tabellen

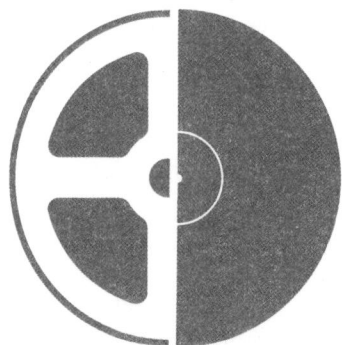

Wenn Sie wissen wollen, wieviel Band Sie brauchen, was die Tonbandspule zu fassen vermag, wie Sie den Klang beeinflussen können und anderes mehr, schlagen Sie hier einmal nach.

Tabelle 1 Anschlußsymbole und Bezeichnungen an den Geräten

Symbol	Bedeutet Anschluß für	Weitere mögliche Bezeichnungen
Rundfunkgerät oder	Rundfunkgerät	Tuner, Receiver, Ru, Ra, TU, Recei
	Plattenspieler	Disk, TA, PU, Phono
	Bandgerät (auch Kassettenrecorder)	Record., Rec., TB., Cass.
	Verstärker	Amplifier, Ampl., Verst.
	Kopfhörer	Headphone, HP, KH, Phones
[1]	Lautsprecher	Loudspeaker, L
[2]	Mikrofon	Mik., Mic., M

Tabelle 2 Spulendurchmesser in cm und Fassungsvermögen (in m)

Bandsorte	Standard	Langspiel	Doppel	Dreifach
Spule 8	45	65	90	135
Spule 11	90	135	180	270
Spule 13	180	270	360	540
Spule 15	270	360	540	730
Spule 18	360	540	730	1080
Spule 22	540	730	1080	1600

Anmerkung:
Es gibt im Handel kaum Bänder auf der Spulengröße 22, auch die Größe 18 ist wenig gebräuchlich, da viele moderne Geräte nur die Benutzung von Spulen bis 15 cm Durchmesser zulassen. Die angegebenen Meterzahlen sind Lieferlängen, die Spulen fassen – je nach Dickentoleranzen der Bänder – bis zu 10 % mehr.

Anmerkung zu Tabelle 1:
[1] oft mit Ohm-Angabe (z.B. 4 Ohm oder 4 Ω) und Seitenbezeichnung bei Stereo (L bzw. R)
[2] manchmal mit Anpassungsangabe M (mittelohmig), N (niederohmig) oder Wert (z.B. 5 k oder 5 kΩ ≙ mittelohmig; 200 Ohm oder 200 Ω ≙ niederohmig) und bei Stereogeräten mit Seitenangabe (L bzw. R).

Tabelle 3 Anschlüsse der Geräte an die einzelnen Kontakte entsprechend TGL 28200/05 (Blick auf die Steckerstifte)

Gerät	mono	stereo	alt
Bandgerät	1,4 E 3,5 A 2 Ab	1 E li 4 E re 3 A li 5 A re 2 Ab	1 E 3 A 2 Ab
Tonabnehmer Tuner elektronische Instrumente	1 frei 2 Ab 3,5 A	1 frei 2 Ab 3 A li 4 frei 5 A re	1 A re[1] 2 Ab 3 A li
Mikrofon	1 A 2 Ab 3, 4, 5 frei	1 A li 2 Ab 3,5 frei 4 A re	[2]
Rundfunkgerät, Verstärker	1,4 A 3,5 E 2 Ab	1 A li 2 Ab 3 E li 4 A re 5 E re	1 A 2 Ab 3 E
Fernsehgerät	1,4 A 2 Ab 3,5 frei[3]	1 A li[4] 2 Ab 3,5 frei 4 A re	1 A 2 Ab
Kopfhörer (K) (IEC-Steckver- binder, auch *Euro- stecker* genannt)	1 M od. Ab[5] 2 Rü 3 Rü 4 E 5 E	1 M od. Ab 2 Rü li 3 Rü re 4 E li 5 E re	entfällt
Lautsprecher (L)[6]	1 E 2 Rü od. M	entfällt, Kanäle bezeichnet	

Es bedeuten: A = Ausgang, Ab = Abschirmung, E = Eingang, M = Masse, Rü = Rückleitung, li = links, re = rechts
[1] Bei älteren Mono-Tonabnehmern sind die Kontakte 1 und 3 oft zusammengeschaltet, oder der Anschluß 1 ist frei.
[2] Neuere Mikrofone mit Fernbedienung enthalten zusätzlich zwischen 3 bzw. 1 und M die Schaltkontakte 6 und 7, eignen

sich dann natürlich nur für 7polige Eingangsdosen. Teilweise werden aber auch die bei Mono-Mikrofonen freien Anschlüsse 4 und 5 zum Fernschalten benutzt. Sie eignen sich dann oft nicht zum Anschluß an Bandgeräte, die über einen standardisierten Mono-Anschluß verfügen, weil die Tonspannung des Mikrofons u.U. kurzgeschlossen wird.
[3] Die Fernsehgeräte sind im allgemeinen nur mit einem Ausgang für die Band*aufnahme* vorgesehen, weil die Wiedergabe über ein Rundfunkgerät oder einen Verstärker erfolgt.
[4] Stereoaufnahmen sind natürlich nur mit stereotüchtigen Fernsehgeräten möglich.
[5] Dieser Steckverbinder ist prinzipiell nur für Stereoanschlüsse vorgesehen. Sollte eine entsprechende Verbindung auch an einem Monogerät angebracht werden, muß die Schaltung im *Gerät* so erfolgen.
[6] Einige Anschlußbuchsen für Zweitlautsprecher haben den Kontakt 1 doppelt. Ähnlich wie bei der Kopfhörersteckverbindung wird beim Einführen des um 180° gedrehten Steckers ein Schaltkontakt geöffnet und damit der Einbaulautsprecher automatisch abgeschaltet.

Wie oben angegeben, entsprechen die Angaben der Tabelle der TGL 28200/05. Beachten Sie bitte, daß sie *nicht* für kommerzielle 200-Ω-Anlagen, 100-V-Leistungsausgänge und symmetrisierte Geräte gelten, die mit anderen Steckverbindungen versehen sind. Heimgeräte eignen sich für derartige Anlagen im allgemeinen nicht. Hierbei muß der Fachmann entscheiden, ob ein Anschließen möglich ist, bei Fehlanschlüssen können Schäden entstehen.
Bei Stereo-Verbindungsleitungen ist der rot ummantelte Leiter bei neueren Geräten für den rechten Wiedergabekanal vorgesehen (leicht zu merken: *rot = rechts*)

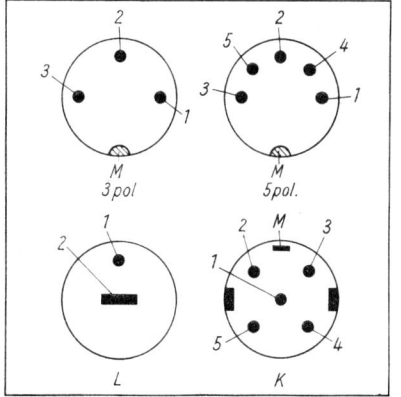

Tabelle 4 Lautstärke verschiedener Geräusche in Phon

Geräusch	Lautstärke in phon
Völlige Ruhe, zu hören ist nichts, sogenannte Hörschwelle	0
Flüstern in 1,25 m Entfernung, leichtes Blättersäuseln	10
Feiner Regen, Grundgeräusch in einer ruhigen Wohnung oder einem ruhigen Garten, Uhrticken im Zimmer	20
Flüstern in Ohrnähe, Grundgeräusch in einer Wohnung tagsüber	30
Papierknüllen, Unterhaltung zweier Menschen in einem ruhigen Raum, abendliche Rundfunk-Zimmerlautstärke	40
Kleinstadt-Straßengeräusche, Grundgeräusch in Warenhäusern, angenehme Musik-Lautsprecherwiedergabe für Stereo	50
Staubsauger, Hauptverkehrsstraße, Schreibmaschine, angeregte Diskussion, Grundgeräusch in der Eisenbahn, Kammermusik-Original, Ton im Kino	60
Unterhaltungsmusik im Café, aufgeregte Diskussion, mittlerer Maschinensaal	70
Aufschreien, lautes Rufen, Donner	80
Preßluftbohrer, Autohupe aus der Nähe, Bremsenquietschen einer Lokomotive, Tanzkapelle	90
Niethammer, Kesselschmiede, Motorradgeknatter aus unmittelbarer Nähe, Martinshorn, Discomusik	100
Pistolenschüsse aus etwa 10 m, startendes Flugzeug aus etwa 15...20 m Entfernung, sehr laute Disco	110
Sprengungen im offenen Gelände aus größerer Nähe, Fabriksirene aus unmittelbarer Nähe, Großlautsprecher in unmittelbarer Nähe	120
Feuerndes Geschütz in unmittelbarer Nähe, schmerzender, gesundheitsschädigender Lärm (Schmerzschwelle)	130

Die Erhöhung der Lautstärke um 10 phon wird als Verdoppelung empfunden, eine Erhöhung um 2 phon ist, wenn eine Vergleichsmöglichkeit vorliegt, gerade erkennbar.

Tabelle 5 Bandverbrauch

Geschwindigkeit cm/s	19,05	9,5	4,75	2,38
je Sekunde	19,05	9,5	4,75	2,38 cm
je Minute	11,4	5,7	2,85	1,43 m
je Stunde (aufgerundet)	686	343	172	86 m

Tabelle 6 Leistungsbedarf bei Übertragungsanlagen

Örtlichkeit	Mind. Leistungsbedarf (in W)	
Kleiner Wohnraum	0,25	
Großer Wohnraum	0,5	
Klubräume, Musikvorträge	1... 3	je nach Größe
Klubräume, Unterhaltungsmusik	1,5... 4	je nach Größe
Klubräume, Musik zum Tanzen	3... 6	je nach Größe
Kleiner Saal, Gaststätte, Tanzmusik	10... 15	je nach Größe
Mittlerer Tanzsaal	25... 50	je nach Größe
Großer Saal, Kleingartenanlage, Ferienlager	50...150	je nach Größe
Kleinsportplatz	150...300	je nach Größe

Tabelle 7 Umrechnung von Neper in Dezibel

Np	1	2	3	4	5	6	7
dB	8,686	17,372	26,058	34,744	43,430	52,116	60,802

Np	8	9	10	11	12	13	14
dB	69,488	78,174	86,860	95,546	104,232	112,918	121,604

Obwohl die Dezibel auf drei Dezimalstellen genau angegeben sind, reicht es für die Praxis vollauf, nur die auf volle dB gerundeten Werte zu verwenden, weil Differenzen von weniger als 2 dB akustisch ohnehin nicht erkennbar sind.

Tabelle 8 Frequenzumfang und Übertragungsqualität

Untere Grenzfrequenz in Hz	Obere Grenzfrequenz in Hz	Anwendung und Tonqualität
500	2 000	Mindestumfang, Sprache gerade noch verständlich
300	3 500	Fernsprecher, ausreichende Verständlichkeit der Sprache
100	4 500	AM-Rundfunk, Musik für mäßige Ansprüche, Klang zu dunkel
100	8 000	alte Normalschallplatte, ältere Bandgeräte, mittlere Musikansprüche
60	15 000	gute Tonlage für anspruchsvolles Hören von Platte und Band
50	18 000	Hifi-Anlagen für höchste Ansprüche, beste Platten und Bänder; FM-Rundfunk

Beschneiden der unteren Grenzfrequenz bringt hellere, der oberen Grenzfrequenz dunklere Wiedergabe. Trotzdem kann eine Bevorzugung bestimmter Frequenzen den Klangcharakter betonen, wie Tabelle 9 angibt. Für Stereoübertragungen ist im allgemeinen ein Mindestbereich von 100 bis 15 000 Hz erforderlich.

Tabelle 9 Frequenzbeeinflussung und Klangcharakter

Maßnahme	Übliche Bezeichnung	Auswirkung und Anwendung
Beschneidung der Frequenzen über etwa 4 000 Hz	Klangblende dunkel	Obertöne fehlen, charakteristisches Klangbild geht verloren, Bässe überbetont, Ton zu dunkel
Beschneidung der Frequenzen unter 300 Hz	Klangblende hell	Bässe fehlen, Klangbild spitz, u.U. Verminderung von Brummen
Anhebung der Frequenzen um 1 000 Hz	z.B. Telegrafieempfang	allgemein spitzer, etwas verzerrter Klang, für störungsarmen Empfang von Morsezeichen
Beschneidung der Frequenzen um 6 000 Hz	Nadelgeräuschfilter (bei einigen Plattenspielern)	Klang bleibt im großen ganzen, Nadelgeräusch bei alten Platten wird gedämpft
Beschneidung der Frequenzen unter 150 und über 4 000 Hz	Sprachtaste	Sprache wird bei höherem Störpegel verständlicher, Klang aber etwas gequetscht
Bevorzugung der Frequenzen unter 200 Hz	Baßtaste	Betonung der tiefen Töne, besserer Klang in hell klingenden Räumen
Bevorzugung der Frequenzen über 4 000 Hz	Diskanttaste	Klangbild hart, besserer Klang in gedämpft klingenden Räumen
Bevorzugung der Frequenzen unter 200 und über 4 000 Hz	Jazztaste	Höhen und Bässe stark betont, vorteilhaftes Klangbild bei Jazz- und Tanzmusik
Bevorzugung der Frequenzen zwischen 200 und 6 000 Hz	Solotaste	Hervortreten von Solostimmen bei Gesang mit Orchesterbegleitung, wird kaum benötigt
Gleichmäßige Übertragung aller hörbaren Frequenzen	Linearübertragung oder Orchestertaste	Klangcharakter am besten, besonders bei akustisch günstigen Räumen
Höhendämpfung bei kleinen Lautstärken	gehörrichtige Lautstärkeregelung	Verhindern von zu spitzem Klang bei leiser Wiedergabe; bei modernen Anlagen meist abschaltbar

Die angegebenen Frequenzen sind Mittelwerte und bei verschiedenen Anlagen gegebenenfalls unterschiedlich. Im allgemeinen soll eine Frequenzbeeinflussung nur in Sonderfällen erfolgen. Die Klangbeeinflussung läßt sich mit einem Equalizer noch wesentlich differenzierter erreichen. Durch verschiedenste Kombinationen sind ganz außergewöhnliche Klangbilder zu erzielen.

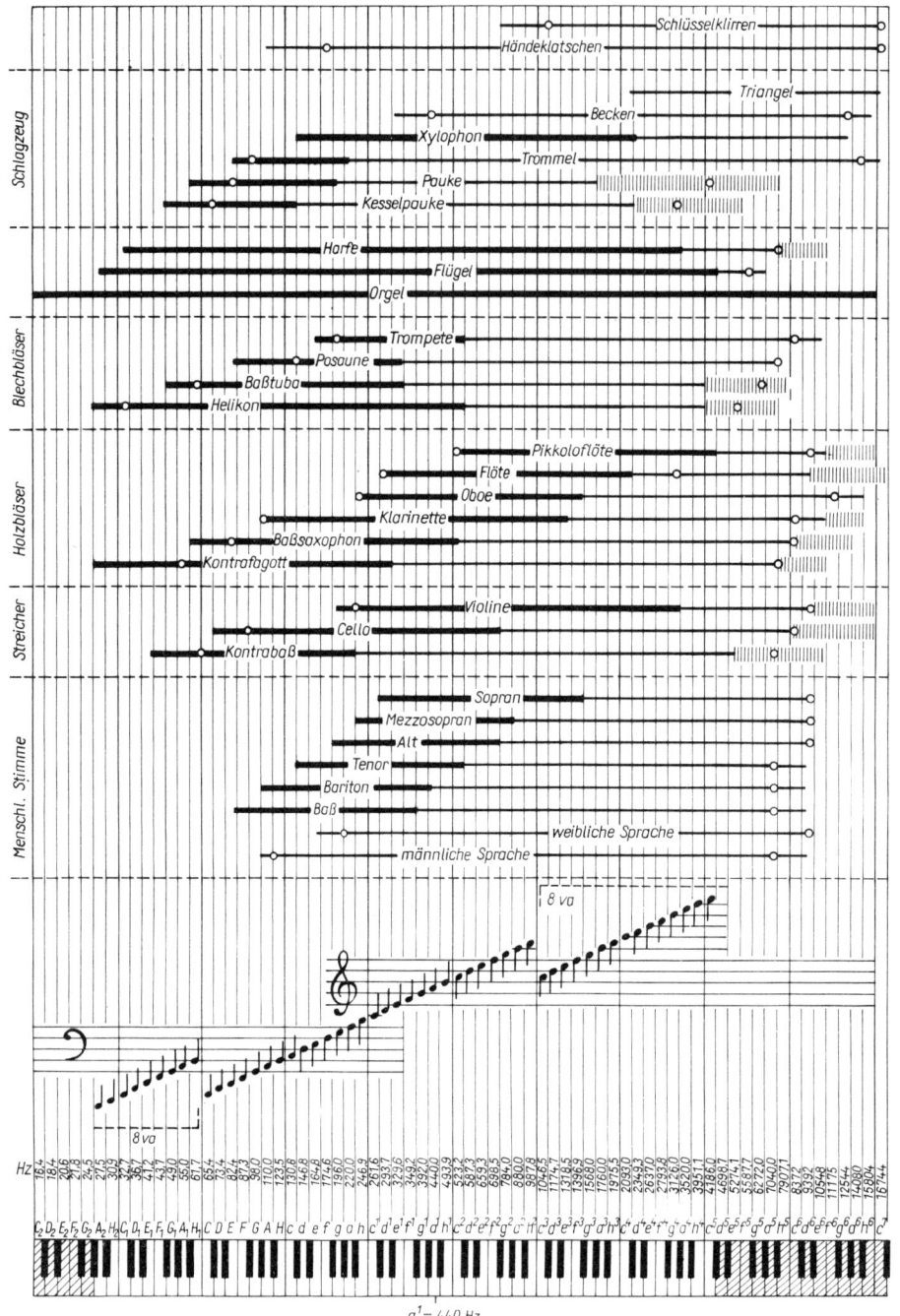

Tabelle 10 Frequenzumfänge der wichtigsten Musikinstrumente und der menschlichen Stimme

Die dicken Linien bezeichnen die Grundtöne; die dünnen Linien stehen für die mitklingenden Obertöne; die schraffierten Bereiche zeigen die mitschwingenden Geräusche an. Für einen »natürlichen« Schalleindruck ist die Übertragung des Bereichs zwischen den weißen Punkten ausschlaggebend.

Tabelle 11 Kennbandverwendung (nach VEB Filmfabrik Wolfen)

Farbe	Verwendungszweck
Weiß	Trennung von Aufzeichnungen
Grün	Aufzeichnungsanfang, mono
Grün/Weiß	Aufzeichnungsanfang, stereo
Rot	Aufzeichnungsende
Gelb	Bandlaufgeschwindigkeit 19,05 cm/s, mono
Gelb/Weiß	Bandlaufgeschwindigkeit 9,53 cm/s, stereo
Violett	Bandlaufgeschwindigkeit 9,53 cm/s, mono
Blau/Weiß	Bandlaufgeschwindigkeit 19,05 cm/s, stereo

Die Kennbänder können auch entsprechend kombiniert werden, z.B. Grün + Gelb = Aufzeichnungsanfang 19,95 mono, oder Grün/Weiß + Gelb/Weiß = Aufzeichnungsanfang 9,53 stereo oder Blau/Weiß + Rot = Aufzeichnungsende 19,05 stereo usw.

Tabelle 12 Gesetze und Bestimmungen, die den Tonamateur angehen

Sofern wir uns mit unserer Tonanlage an öffentlichen Veranstaltungen beteiligen wollen, sollten wir uns auch mit den folgenden Gesetzen und Verordnungen vertraut machen. In Klammern stehen hinter den einzelnen Bestimmungen die betreffenden Gesetzesblätter sowie die Paragraphen, die uns dabei besonders angehen. Stets wird es günstig sein, mit dem Veranstalter bereits bei der Vorbereitung einer Veranstaltung eng zusammenzuarbeiten, weil das unter Umständen unnötigen Ärger vermeiden hilft.

Gesetz über das Urheberrecht vom 13.9.1965 (GBl.I/S.209) (§§ 2, 3, 18, 19, 23, 27, 73, 75)

Verordnung über die Wahrnehmung der Aufführungs- und Vervielfältigungsrechte auf dem Gebiet der Musik vom 17.3.1955 (GBl.I/37) und die Neufassung des § 12 vom 13.6.68 (GBl.II/62) mit Erster Durchführungsbestimmung vom 27.4.1955 und Zweiter Durchführungsbestimmung vom 15.9.1966 (gesamte Verordnung)

Anordnung Nr. 1 über die Ausübung von Tanz- und Unterhaltungsmusik vom 15.6.1964 (GBl.II/S.597) (§§ 1 und 2)

Anordnung über die Vergütung der Tätigkeit von nebenberuflich tätigen Amateurtanzmusikern, Berufsmusikern und Kapellensängern vom 1.10.1973 (GBl.I/48) (§ 5 sowie Anlage 14 und 16)

Anordnung über Diskothekveranstaltungen – Diskothekordnung – vom 15.8.1973 (GBl.I/S.401 sowie Preiskarteiblatt 75/73) in der Fassung der Anordnung Nr. 2 über Diskothekveranstaltungen vom 24.5.1976 (GBl.I/S.309) (gesamte Diskothekordnung einschl. Anlage und Disko-Tarif)

Verordnung über die Durchführung von Veranstaltungen vom 26.11.1970 (GBl.II/10/1971) (gesamte Verordnung)

Anordnung über die Förderung von Jugendveranstaltungen vom 29.1.74 (GBl.I/9) (§ 2)

Verordnung über den Schutz der Kinder und Jugendlichen vom 26.3.1969 (GBl.II/32) (§§ 4, 10, 11)

Verordnung über die Polizeistunden im Gebiet der DDR vom 8.12.1955 (GBl.I/S.929) (gesamte Verordnung)

Anordnung über die Verkürzung der Polizeistunde vom 25.4.1966 (GBl.II/S.305) (gesamte Verordnung)

Bekommen Sie keinen Schreck. Niemand verlangt von Ihnen, daß Sie alle diese Bestimmungen auswendig lernen. In Zweifelsfällen und bei rechtlichen Fragen steht Ihnen bestimmt Ihre zuständige AWA-Bezirksstelle mit Rat und Tat gern zur Seite. Hier die Anschriften:

Rhinstraße 111 Berlin 1136	Schneidersgarten 3 Magdeburg 3014
Ernst-Thälmann-Straße 8 Schwerin 2754	Magazingasse 5 Leipzig 7010
Anger 21 Erfurt 5010	Lortzingstraße 25 Karl-Marx-Stadt 9044
Steinweg 2 Halle 4020	Industriestraße 25 Dresden 8023

Die AWA-Generaldirektion hat ihren Sitz in der Storkower Straße 134 Berlin 1055

Über die AWA erhalten Sie auch genaue Auskunft, falls sich gegenüber den Angaben oben Veränderungen ergeben haben sollten.

Wenn Sie außerdem daran denken, daß der Begriff Takt nicht nur musikalische Bedeutung hat, erfüllt sich sicher mein Wunsch:

Ihr Tonhobby bereite Ihnen nur Freude!

Hier wird nur auf die Seiten verwiesen, wo der Begriff näher behandelt ist; an anderen Stellen kann der Begriffsinhalt geklärt werden, ohne das Stichwort direkt zu verwenden.